职业院校专业课程改革系列教材

走进装配式建筑

主　编◎王燕萍　张慧坤

副主编◎王伟刚　范李明　李　芸　钱丽萍

浙江工商大学出版社
ZHEJIANG GONGSHANG UNIVERSITY PRESS

·杭州·

图书在版编目（CIP）数据

走进装配式建筑 / 王燕萍，张慧坤主编 .— 杭州：
浙江工商大学出版社，2019.11
ISBN 978-7-5178-3866-1

Ⅰ.①走… Ⅱ.①王… ②张… Ⅲ.①装配式构件
Ⅳ.① TU3

中国版本图书馆 CIP 数据核字（2020）第 083476 号

走进装配式建筑
ZOUJIN ZHUANGPEISHI JIANZHU
主　编　王燕萍　张慧坤
副主编　王伟刚　范李明　李　芸　钱丽萍

责任编辑　王　耀　厉　勇
封面设计　雪　青
责任印制　包建辉
出版发行　浙江工商大学出版社
　　　　　（杭州市教工路 198 号　邮政编码 310012）
　　　　　（E-mail：zjgsupress@163.com）
　　　　　（网址：http：//www.zjgsupress.com）
　　　　　电话：0571-88904980，88831806（传真）
排　　版　杭州朝曦图文设计有限公司
印　　刷　杭州高腾印务有限公司
开　　本　787mm×1092mm 1/16
印　　张　9
字　　数　168 千
版 印 次　2019 年 11 月第 1 版　2019 年 11 月第 1 次印刷
书　　号　ISBN 978-7-5178-3866-1
定　　价　40.00 元

编委会

主　　编：王燕萍　　张慧坤

副主编：王伟刚　　范李明　　李　芸　　钱丽萍

编　　委：周　良　　胡利明　　陆佳琴　　秦国林

　　　　　夏荣萍　　沈利菁　　郭　伟　　王　聪

主编介绍

王燕萍,浙江绍兴人,中学一级教师,长期从事建筑专业教学。2019年获柯桥区政府授予的星火教师荣誉称号。2016年度被评为区级优秀青年教师,荣获全国优秀指导教师奖。曾发表多篇论文,参编多本教材。

张慧坤,中学高级教师,浙江工业大学建筑工程硕士。获柯桥区高中二星级学科教师、绍兴市职业学校优质课一等奖等荣誉。主编《建筑测量》同步训练、《建筑识图习题集》《屋面防水工程施工技术》等教材出版,参编《建筑施工技术》《建筑工程施工》《建筑测量习题题》《水电安装》《建筑专业第二轮复习卷》等多种教材及教辅类书籍。

前　言

改革开放后，大批农业劳动力涌向城市，城市化极速发展，且人类平均寿命延长，居住问题日益突出。在人类的科学技术水平爆发式地推进发展下，建筑行业也必然将由劳动密集型产业向技术密集型转变。人民生活水平的提高，人口老龄化的出现，体力将会变成一种昂贵的资源，劳动力成本会不断上涨。随着我国综合国力的上升，我们对建筑工程建设的要求只会越来越高。从提高质量、合理加快工期、环保节能等方位出发，工业化模式下的装配式建筑有着得天独厚的优势。因此我国大力发展装配式建筑刻不容缓。

自 2016 年以来，装配式建筑的发展得到党中央、国务院的高度重视，《关于大力发展装配式建筑的指导意见》《国务院办公厅关于促进建筑业持续健康发展的意见》等多个政策中明确提出：力争用 10 年左右的时间，使装配式建筑占新建建筑面积的比例达到 30%。同时，国家先后发布了《国务院关于加快发展现代职业教育的决定》和《教育部关于学习贯彻习近平总书记重要指示和全国职业教育工作会议精神的通知》等文件。同时，随着建筑业的转型升级，"产业转型、人才先行"，因此，为适应建筑职业教育新形式的需求，编写组深入企业一线，结合企业需求及装配式建筑发展趋势，重新调整了建筑工程施工等专业的人才培养定位，使岗位标准与培养目标、生产过程与教学过程、工作内容与教学项目对接，实现"近距离顶岗、零距离上岗"的培养目标。

本书根据装配式建筑课程的教学特点和要求，结合国家大力发展装配式建筑的国家战略及住建部文件精神，并按照国家、省颁布的有关新规范、新标准编写而成。本书共分 8 部分，主要内容包括绪论、装配式建筑常用材料、装配式混凝土结构建筑、装配式钢结构建筑、装配式建筑构件生产、装配式建筑施工技术、BIM与装配式建筑及装配式建筑人才培养等。本书内容简明实用、图文并茂，实用性和操作性较强，可供从事装配式施工的专业人员学习参考，也可作为土建类相关专业中职院校师生的参考教材。

本书由绍兴市柯桥区职业教育中心王燕萍、张慧坤主编，绍兴市柯桥区建筑管理中心王伟刚以及绍兴市柯桥区职业教育中心范李明、李芸、钱丽萍副主编，周良、胡利明、陆佳琴、秦国林、夏荣萍、沈利菁、郭伟、王聪参编。根据不同专业需求，本课程建议安排36学时。

本书在编写过程中参考了国内外同类教材和相关资料，在此一并向原作者表示感谢，并对为本书付出辛勤劳动的编辑同志的大力支持表示衷心感谢！由于编者水平有限，教材中难免有不足之处，敬请专家、读者批评指正。

编　者

2019 年 11 月

目录

第1章 绪 论

1.1 装配式建筑发展的背景意义

随着土地出让费用的增加，劳务人工价格的不断上升，以及人们对节能环保意识的逐步增强，建筑行业所面临的竞争压力越来越大。为进一步提高核心竞争力，新的建筑行业产业模式——预制装配式建筑便应运而生。

在全面推进生态文明建设、加快推进新型城镇化特别是实现中国梦的进程中，装配式建筑发展具有重大意义。其可以总结为以下5个"有利于"。

一是有利于大幅降低建造过程中能源资源的消耗。据统计，相对于传统的现浇建造方式，预制装配式的施工方法可节水约25%，降低抹灰砂浆用量约55%，节约模板木材约60%，降低施工能耗约20%。

二是有利于减少施工过程中造成的环境污染。采用预制装配式的施工方法显著降低施工粉尘和噪声污染，减少建筑垃圾70%以上。

三是有利于显著提高工程质量和安全性。以工业化代替传统手工湿作业，既能确保部品部件的质量，是提高施工精度，大幅减少建筑质量通病，又能减少事故隐患，降低劳动者工作强度，提高施工安全性。

四是有利于提高劳动生产率，缩短综合施工周期25%—30%。工厂生产与现场施工相比，生产效率明显提高。

五是有利于促进形成新兴产业。采用预制装配式建筑，能够促进建筑业与工业制造产业及信息产业、物流产业、现代服务业等深度融合，对发展新经济、新动能，拉动社会投资，促进经济增长具有积极作用。

（1）发展装配式建筑是落实党中央国务院决策部署的重要举措。

（2）发展装配式建筑是促进建设领域节能减排降耗的有力抓手。

（3）发展装配式建筑是促进当前经济稳定增长的重要措施。

（4）发展装配式建筑是带动技术进步、提高生产效率的有效途径。

（5）发展装配式建筑是实现"一带一路"倡议发展目标的重要路径。

（6）发展装配式建筑是全面提升住房质量和品质的必由之路。

1.2 建筑生产现代化与装配式建筑

建筑产业的现代化是未来新型建筑的发展趋势。它是以绿色发展为理念，以工业化生产方式为手段，以设计标准化、构件部品化、施工装配化、管理信息化、服务定制化为特征，能够整合设计、生产、施工、运维、回收等整个产业链，实现建筑产品节能、环保、全生命周期价值最大化的可持续发展的新型建筑生产方式。

建筑产业的现代化有以下几个特点：

一是建筑观念现代化。从我们过去的"经济适用兼顾美观"向如今的"节能、环保、可持续发展"新观念转变。

二是建筑生产方式工业化。大力推进建筑施工方式的转变，从过去的简陋砖瓦施工，向工厂化生产、智能式施工转变。从手工生产，主要是肩扛手抬，到大机械重装备，特别是现场停止搅拌混凝土之后，泵送机等一系列建筑机械产品得到了迅速发展，再到工厂化生产、装配式施工。工厂化生产、装配式施工，节能、节水、节地、节材、节时、环保，有利于解决建筑物的渗漏、起鼓等质量通病。

三是建筑管理方式信息化。即通过信息化手段，建筑管理由粗放管理向精细化管理转变。没有信息化，就没有建筑产业的现代化。要通过 BIM 技术提高工程质量，用互联网、O2O 来拓展建筑产业。要充分应用信息技术提升建筑企业在勘察设计、生产施工、运营维护等环节的信息化水平。鼓励企业加快推广信息领域的最新成果，加大 BIM 技术、智能化技术、虚拟仿真技术、信息统筹技术在建筑业中的研发、应用和推广。鼓励建筑企业利用大数据、互联网平台营销自己的建筑产品。

四是建筑产品标准化、绿色化。建筑产品向绿色建筑、节能环保建筑、智能化建筑发展。

结合江苏现行标准体系和抗震设防、绿色节能等要求，加快研究制定基础性通用标准、标准设计和计价定额，构建部品与建筑结构相统一的模数协调系统，研发相配套的计算机软件，实现建筑部品、住宅部品、构配件系列化、标准化、通用化。鼓励企业确立适合建筑产业现代化的技术、产品和装配施工标准，尽快形成一批先进适用的技术、产品标准和施工工法，经评审后优先推荐纳入省级或国家级标准体系。

五是建筑队伍现代化。即现代化的职业工人，要把建筑农民工转变为专业的建筑工人。

随着中国经济和社会的发展，劳动力已从富余变为短缺，在建筑领域尤其如此。建筑业从业人员年龄普遍偏大，新生代务工人员对传统建筑业的"脏、难、苦、险"心存排斥，建筑劳动力资源缩水，建筑队伍后继乏人，熟练的建筑工人已成为稀缺资源。这就要求我们实施建筑工业化，使建筑工人真正成为现代化的职业工人，从而解决建筑业后继无人的问题。

六是建筑市场国际化。按照江苏省"三个国际化"的战略部署，要提高建筑行业企业、市场和人才的国际化水平，推动建筑产业现代化发展。鼓励建筑企业"走出去"开拓国际市场，提高国际竞争水平。通过"引进来"与"走出去"相结合，引进国际先进的技术装备和管理经验，并购国外先进建筑行业企业，整合国际相关要素资源，提升企业核心竞争力，推动省内大型成套设备、建材、国际物流等建筑相关产业发展。

装配式建筑指的是构件在加工厂或施工现场预制，通过机械吊装和一定的连接方式将零散的预制构件连接成一个整体而建造起来的房屋。按预制构件的形式和施工方法的不同，装配式建筑分为砌块建筑、板材建筑、盒式建筑、骨架板材建筑及升板升层建筑等5种类型。

装配式建筑有以下优点。

（1）质量好：构件可标准化大量生产，几乎不受天气情况影响，在质量方面更加可靠。

（2）节能环保：减少施工过程中的物料浪费，也大大减少了施工现场的建筑垃圾。

（3）缩短工期：构件生产好之后拉到现场装配，减少了一部分工序，大大加快了施工进度。

（4）节约人力：构件在工厂生产完成，减少了人力需求，并降低了施工人员的劳动强度。

（5）节省模板：由于叠合板做楼板底膜，外挂板做剪力墙的一侧模板，节省了大量的模板。

装配式建筑有以下缺点。

（1）成本较高：装配式建筑的工程造价与传统式建筑工程造价相比要高很多。

（2）运费增加：如果构件生产工厂距离施工现场太远的话，运输成本将会增加。

（3）尺寸限制：由于生产设备的限制，尺寸较大的构件在生产上有一定的难度。

（4）应用领域小：目前虽然国家在大力推广，但装配式建筑在建筑总高度和层高上受限制很多。

（5）抗震性较差：装配式建筑的整体性和刚度较弱，抗震冲击性较差。

装配式构件是如何生产出来的？

以装配式建筑板为例，生产工序为：钢模制作→钢筋绑扎→混凝土浇筑→脱模装配式构件制作完成，暂时在工厂分类堆放，随时可以运往施工现场。

施工流程以预制框架结构为例,一层施工完毕后,先吊装上一层柱子,接着上主梁、次梁、楼板。预制构件吊装全部结束后,开始绑扎连接部位的钢筋,最后进行节点和梁板现浇层的浇筑。装配式施工现场图如图 1-1、图 1-2 所示。

图 1-1　装配式建筑施工现场

图 1-2　装配式建筑施工现场

1.3 我国装配式建筑发展历程与现状

1.3.1 我国装配式建筑的发展历程与体系

我国从 20 世纪 50 年代开始发展装配式建筑，20 世纪 70 年代达到装配式建筑发展繁荣期，而 20 世纪 80 年代中期以后装配式建筑逐渐被大众所淡忘，工程师也只在极少量的高层建筑中采用叠合梁、板结构。其间，我国在设计标准化、构件生产工厂化、施工机械化等方面做了许多努力，装配式建筑类型也日益增多。并在大型砌块装配式住宅、装配式大板、装配整体式框架结构、框架轻板、工业厂房等装配建筑方面取得了可贵的经验，初步形成了符合我国实际的装配式建筑形式。现将我国装配式建筑按发展体系呈现如下。

（1）装配式大型砌块住宅。我国最早于 1957 年在北京进行了装配式大型砌块试验住宅建设，该住宅采用纵墙承重方案。在工厂中生产大型砖砌块、预应力多孔楼板、钢筋混凝土波浪形大瓦及轻质隔墙等预制构件，在现场进行装配。该住宅在施工中创造了 8 天盖好一栋四层住宅的速度记录。通过该试验住宅的建设，工程师及施工技术人员深刻体会到工业化施工的优越性：砌块和构件制造不受季节影响，不仅缩短了工期，也保证了工程质量。同时，现场机械运输、吊装，大大节省了工人的劳动量。

建筑外观及墙体连接处理分别如图 1-3、图 1-4 所示。

图 1-3　建筑外观

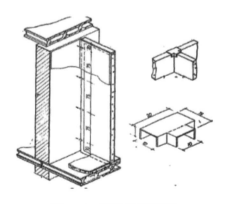

图 1-4　墙体连接处理

（2）装配式大板住宅。装配式大板建筑也叫装配式壁板建筑，其外墙板、楼板及屋面板均按间分块，节点处理多采用预留钢筋，属于全装配式建筑。这种建筑除基础外，其内外墙板、楼板、楼梯及其他结构组成部分均为预制构件，一般由构件加工厂生产构件，施工现场吊装组接而建成,如图 1-5、图 1-6 所示。大板建筑是工业化建筑体系中一种重要的类型,早期的墙板采用苏联式的带肋墙板,后期墙板有空心大板、陶粒混凝土墙板及矿渣墙板等。

图 1-5 正在建造的北京天坛小区

图 1-6 西南交通大学峨眉山小区大板宿舍楼

(3)大模板住宅。装配式建筑是实现建筑工业化的重要手段之一。然而,在实现建筑工业化的过程中,国外还普遍采用工具式模板现浇与预制相结合的体系。这种结构体系的承重部分采用大模板施工方法,而一些非承重构件则仍采取预制的方法。这种预制与现浇体系的优点是所需生产基地一次投资比全预制装配少、适应性强、节省运输费用、在一定的条件下可以缩短工期,实现大面积流水施工,可以取得较好的技术经济效果。

(4)叠合框架住宅。国内高层建筑首次采用混凝土叠合式装配整体结构的是建于 1958 年北京民族饭店和北京民航总局大楼等。如图 1-7 到图 1-11,这些高层建筑的特点是预制抗震墙与承重构件的连接占了一定的比重,因而自有其特殊的节点处理形式,梁、柱接头采用暗牛腿式,柱与柱钢筋接头采用熔杯接合,是一种比较可靠的接头,但用钢量较大。

图 1-7 北京复兴门外南礼士路口住宅

图 1-8 北京民族饭店

图 1-9 北京民航总局大楼平面布置及立面图

图 1-10　北京建国门外交公寓

图 1-11　西南交通大学峨眉山校区图书馆

图 1-12　哈尔滨框架轻板住宅

图 1-13　沈阳框架轻板住宅

（5）装配式框架轻板结构住宅。如图1-12、图1-13，此类建筑是我国20世纪70年代中期开始试建的一种新的建筑体系。它把承重结构与围护结构分开考虑，以框架承重，使墙体摆脱了承重要求，只起保温、隔热、隔声、防雨等围护作用。这就为选用各种轻型墙体材料和利用工业废料创造了有利条件。我国自20世纪70年代提出研究框架轻板住宅建筑体系以来，在北京、沈阳、天津、苏州、南宁、石家庄、上海、哈尔滨等地区都陆续试建了框架轻板试验建筑，抗震设防烈度在7度或8度，建筑面积从几百平方米到几千平方米，层数也从2层到14层不等。

1.3.2 我国装配式建筑的现状

1.3.2.1 发展装配式建筑的必要性

随着我国经济的快速持续增长，城市人口不断增长，人们对住宅的需求量也越来越大，传统的建筑修建方式由于其本身速度慢、工期长、成本高等许多缺点已经不足以满足人们的需求。因此，建筑工业化将成为未来住宅发展的大方向。

由于建造成本过高，传统的建筑方式已经不能满足普通人对住房的需求。建筑工业化的快速发展，将大大降低住宅的建造成本；而且能够较大地提高建筑的修建速度，因此可以让更多国民较快地住上便宜舒适的住宅。一方面，采用住宅产业化方式修建房屋，可以节省大量劳动力和缩短工期；另一方面，采用工业化生产方式，建筑的预制率提高了，可以使施工现场模板和脚手架的用量减少，节约钢材和混凝土的使用，水电、耗能、耗材等各方面资源也有相应的节约。

1.3.2.2 存在的问题

一方面，我国在预制装配整体式结构的研究上取得了一些成果，许多高校和企业为预制装配整体式结构的研究与推广做出了贡献，同济大学、清华大学、东南大学及哈尔滨工业大学等高校均进行了预制装配整体式框架结构的相关构造研究。在万科集团、远大住工集团等企业的大力推动下，预制装配整体式结构也得到了一定的推广应用。

另一方面，目前主要的应用还是一些非结构构件，如预制外挂墙板、预制楼梯及预制阳台等，对于承重构件的应用（如梁、柱等）还是非常少的。尽管叠合技术及其构造的研究已经很成熟，但是在民用建筑工程上仍然只有屈指可数的应用。我国预制装配整体式结构在工业与民用建筑中的应用仍然远远小于现浇结构。其原因有以下几点。

（1）预制装配整体式结构在我国发展存在间断期，使得掌握这项技术的人才也产生了断代现象，且随着抗震要求的不断提高，预制混凝土结构的设计难度也更大了。

（2）我国到目前为止也只出台了一部相关的国家规范，其设计分析方法并不完整，新的构造措施和施工工艺也不能形成一个系统，不足以支撑预制装配整体式结构在全国范围内广泛应用，大多数工程设计师没有预制装配整体式结构的相关设计方法指导。

（3）装配式建筑在国内研究应用得较少，也很少有完整的施工图。国内仅有华阳国际等少数几个设计院能够做装配整体式混凝土框架结构的设计，设计技术人员缺少，使之难以推广。

（4）尽管装配整体式框架结构的整体性能和抗震性能都有很大的提高，但是人们对其的认识还停留在不如现浇结构上，这给装配式建筑的推广带来了困难。

有统计数据显示，当前我国城市用于住宅建设的土地将近占用其他建设土地的30%，在住宅建设中消耗的水资源占水资源总消耗量的32%，住宅建设的钢材消耗量占全国钢材总消耗量的20%、水泥消耗量占全国水泥总消耗量的17.6%，1平方米的房屋的建成，将会释放约8吨的二氧化碳。以上资料可以看出，目前我国住宅的建设，是以资源的高消耗与碳的高排放为基础的。在当今"节能减碳"的大环境下，降低住宅建设过程中的各种资源消耗，减少二氧化碳的排放量和对环境的污染，逐渐迈向绿色建筑，是建筑业必须取得的创新和突破。而通过实施住宅产业化是有可能打破这些现存的资源浪费和高碳排放量现状的，将向节能减排的目标更近一步。

综上所述，我国的住宅建设已经发展到了一个重要的转折点，既要求数量的增加和质量的保证，同时又要求资源的合理利用和保护所需要的资源，实现住宅建设多快好省地全面发展。因此建筑工业化是目前我国建筑业发展的必然之路。

1.4 国外装配式建筑发展历程与现状

西欧是预制装配式建筑的发源地。早在20世纪50年代，为解决第二次世界大战后住房紧张问题，欧洲的许多国家、特别是西欧一些国家大力推广装配式建筑，掀起了建筑工业化高潮。20世纪60年代，住宅工业化扩展到美国、加拿大及日本等国家。目前，西欧5—6层以下的住宅普遍采用装配式建筑，在混凝土结构中占比达35%—40%。

美国装配式住宅盛行于20世纪70年代。1976年，美国国会通过了国家工业化住宅建造及安全法案，同年出台一系列严格的行业规范标准，一直沿用至今。除注重质量，美国现在的装配式住宅更加注重美观、舒适性及个性化。据美国工业化住宅协会统计，2001年，美国的装配式住宅已经达到了1000万套，占美国住宅总量的7%。在美国、加拿大，大城市住宅的结构类型以混凝土装配式和钢结构装配式住宅为主,在小城镇多以轻钢结构、木结构住宅体系为主,如图1-14所示。

美国住宅用构件和部品的标准化、系列化、专业化、商品化、社会化程度很高,几乎达到100%。用户可通过产品目录买到所需的产品。这些构件结构性能好,有很大通用性,也易于机械化生产。

图1-14 美国装配式建筑

钢-木结构别墅,钢结构公寓。建材产品和部品部件种类齐全,构件通用化水平高,商品化供应,拥有BL质量认证制度,部品部件品质保证年限。

英国政府积极引导装配式建筑发展。明确提出英国建筑生产领域需要通过新产品开发、集约化组织、工业化生产以实现"成本降低10%,时间缩短10%,缺陷率降低20%,事故发生率降低20%,劳动生产率提高10%,最终实现产值利润率提高10%"的具体目标。同时,政府出台一系列鼓励政策和措施,大力推行绿色节能建筑,以对建筑品质、性能的严格要求促进行业向新型建造模式转变。

英国装配式建筑的发展需要政府主管部门与行业协会等紧密合作,完善技术体系和标准体系,促进装配式建筑项目实践。可根据装配式建筑行业的专业技能要求,建立专业水平和技能的认定体系,推进全产业链人才队伍的形成。除了关注开发、设计、生产与施工外,还应注重扶持材料供应和物流等全产业链的发展,如图1-15。

英国装配式建筑以钢结构建筑、模块化建筑为主,新建项目钢结构占比70%以上,形成了从设计、制作到供应的成套技术及有效的供应链管理。

德国的装配式住宅主要采取叠合板、混凝土、剪力墙结构体系,采用构件装配式与混凝土结构,耐久性较好,如图1-16。德国是世界上建筑能耗降低幅度最快的国家,近几年更是提出发展零能耗的被动式建筑。从大幅度的节能到被动式建筑,德国都采取了装配式住宅来实施,装配式住宅与节能标准相互之间充分融合。

图 1-15 英国装配式建筑

图 1-16 德国装配式建筑

德国在第二次世界大战后多推行装配式住宅。20 世纪 70 年代民主德国工业化水平近 90%。新建别墅等建筑基本为全装配式钢或木结构,拥有强大的预制装配式建筑产业链:由高校、研究机构和企业研发提供技术支持,建筑、结构、水暖电协作配套,施工企业与机械设备供应商合作密切,机械设备、材料和物流先进,摆脱了固定模数尺寸的限制。

法国是世界上推行装配式建筑最早的国家之一。法国装配式建筑的特点是以预制装配式混凝土结构为主,钢结构、木结构为辅。法国的装配式住宅多采用框架或者板柱体系,焊接、螺栓连接等均采用干法作业,结构构件与设备、装修工程分开,减少预埋,生产和施工质量高。法国主要采用预应力混凝土装配式框架结构体系,装配率可达 80%,如图 1-17 所示。

图 1-17 法国装配式建筑

　　法国装配式建筑由 1959—1970 年开始推行,20 世纪 80 年代后成体系。绝大多数为预制混凝土,属于构造体系,尺寸模数化,构件标准化,少量钢结构和木结构。装配式链接多采用焊接和螺栓链接。

　　日本与加拿大装配式建筑如图 1-18、图 1-19 所示。

　　日本于 1968 年就提出了装配式住宅的概念。1990 年推出采用部件化、工业化生产方式、高生产效率、住宅内部结构可变、适应居民多种不同需求的中高层住宅生产体系。在推进规模化和产业化结构调整进程中,住宅产业经历了从标准化、多样化、工业化到集约化、信息化的不断演变和完善过程。

　　日本每五年都会颁布一个新的住宅建设五年计划,每一个五年计划都有明确的促进住宅产业发展和性能品质提高方面的政策和措施。政府强有力的干预和支持对住宅产业的发展起到了重要作用:通过立法来确保预制混凝土结构的质量,坚持技术创新,制定了一系列住宅建设工业化的方针、政策,建立统一的模数标准,解决了标准化、大批量生产和住宅多样化之间的矛盾。

图 1-18　日本装配式建筑

图 1-19　加拿大装配式建筑

　　日本装配式建筑中,木结构占比超过 40%,多高层集合住宅主要为钢筋混凝土框架(PCA 技术),工厂化水平高,集成装修、保温门窗等。立法来保证混凝土构件的质量。地震烈度高,装配式混凝土应用了减震隔震技术。

　　加拿大装配式建筑与美国发展相似,从 20 世纪 20 年代开始探索预制混凝土的开发和应用,到 20 世纪六七十年代该技术得到大面积普遍应用。目前装配式建筑在居住建筑,学校、医院、办公等公共建筑,停车库、单层工业厂房等建筑中得到官方的应用。在工程实践中,由于大量应用大型预应力预制混凝土构建技术,使装配式建筑更充分地发挥其优越性。

　　加拿大装配式建筑的构件通用性高,大城市多为装配式混凝土结构和钢结构,小镇多为钢或钢－木结构。抗震设防烈度在 6 度以下地区推行全预制混凝土结构（含高层）。

新加坡是世界上公认的住宅问题解决得较好的国家。其住宅多采用建筑工业化技术加以建造，其中，住宅政策及装配式住宅发展理念促使其工业化建造方式得到广泛推广。

新加坡开发出 15—30 层单元化的装配式住宅，占全国总住宅数量的 80% 以上。通过平面的布局、部件尺寸和安装节点的重复性，来实现标准化，以设计为核心和施工过程的工业化，相互之间配套融合，装配率达到 70%。

新加坡 80% 的住宅由政府建造，20 年快速建设。组屋项目强制装配化，装配率 70%。大部分为塔式或板式混凝土多高层建筑。装配式施工技术主要应用于组屋建设。

丹麦在 1960 年制定了工业化的统一标准（丹麦开放系统办法），规定凡是政府投资的住宅建设项目必须按照此办法进行设计和施工，将建筑发展到制造产业化。

丹麦装配式建筑以混凝土结构为主，受法国影响，强制要求设计模数化。预制构件产业发达，结构、门窗、厨卫等构件标准化，装配式大板结构、箱式模块结构等。

瑞典采用了大型混凝土预制板的装配式技术体系，装配式建筑部品部件的标准化已逐步纳入瑞典的工业标准。为推动装配式建筑产品建筑工业化通用体系和专用体系发展，政府鼓励只要使用按照国家标准协会的建筑标准制造的结构部件来建造建筑产品，就能获得政府资金支持。

瑞典装配式木结构产业链完整。其发展历史超百年，涵盖低层、多层、甚至高层。其 90% 的房屋为木结构建筑。新加坡、丹麦、瑞典装配式建筑风格如图 1-20 至图 1-22 所示。

图 1-20　新加坡装配式建筑

图 1-21 丹麦装配式建筑

图 1-22 瑞典装配式建筑

第 2 章 装配式建筑常用材料

2.1 混凝土

2.1.1 混凝土的性能

混凝土是由胶凝材料、粗骨料、细骨料、水（必要时可加入外加剂和掺和料）按一定比例配合，经搅拌、浇筑、养护、硬化而成的具有一定强度的人造石材，是当代最主要的建筑工程材料之一。混凝土的主要性能包括强度、和易性等。

2.1.1.1 强度

混凝土的强度是混凝土硬化后的最重要的力学性能，是指混凝土抵抗压、拉、弯、剪等应力的能力。水灰比、水泥品种和用量、集料的品种和用量，以及搅拌、成型、养护等工序的作业质量，都直接影响混凝土的强度。混凝土强度等级应按立方体抗压强度标准值确定。立方体抗压强度标准值指按标准方法制作、养护的边长为 150 mm 的立方试件，在 28 d 或设计规定龄期，以标准试验方法测得的具有 95% 保证率的抗压强度值。混凝土具有良好的抗压能力，但是抗拉强度仅为其抗压强度的 1/20—1/10。因此应避免混凝土在受拉状态或复杂受力状态下工作。

2.1.1.2 和易性

混凝土拌合物的和易性是指混凝土易于各工序施工操作并能获得质量均匀、成型密实的混凝土的性能。混凝土拌合物的和易性直接影响混凝土施工操作的难易程度，以及混凝土凝固成型的质量。因此，合理选择和易性适合的混凝土拌合物，对建筑工程的顺利实施非常重要。工程上常在满足施工操作及混凝土成型密实的条件下，尽可能选用较小坍落度的混凝土。

此外，混凝土的工作性能还包括抗渗性、耐久性和变形能力，它们都会影响混凝土构件的工作能力。装配式混凝土建筑中，混凝土既需要应用到预制构件的生产中，还需要应用到施工现场后浇混凝土区段的施工当中。

2.1.2 预制混凝土构件

在装配式混凝土建筑的施工过程中，预制混凝土构件在养护成型后，需要经过存储、运输、吊装、连接等工序后才能应用于建筑本身。考虑到这个过程当中混凝土构件可能遭受难以预计的荷载组合，因此有必要提高预制混凝土构件的质量。

预制构件的混凝土强度等级不宜低于C30。预应力混凝土预制构件的混凝土强度等级不宜低于C40，且不应低于C30。混凝土工作性能指标应根据预制构件产品特点和生产工艺确定。拌制混凝土的各原材料需经过质量检验合格后方可使用。混凝土应采用有自动计量装置并具有生产数据逐盘记录和实时查询功能的强制式搅拌机搅拌。混凝土应按照混凝土配合比通知单进行生产，原材料每盘称量的允许偏差应符合如表2-1所示的规定。

表2-1　混凝土原材料每盘称量的允许偏差

项次	材料名称	允许偏差（%）
1	胶凝材料	±2
2	粗、细骨料	±3
3	水、外加剂	±1

为保证预制混凝土构件与现浇混凝土之间能够可靠连接，在预制混凝土构件制作时，应将其接触面做成粗糙面或键槽。粗糙面是指预制构件结合面上凹凸不平或骨料显露的表面，其面积不宜小于结合面的80%，对于预制板，其凹凸深度不应小于4 mm，对于预制梁端、柱端和墙端，其凹凸深度不应小于6 mm（图2-1）。键槽是指预制构件混凝土表面规则且连续的凹凸构造，可实现预制构件和后浇混凝土的共同受力作用。键槽的尺寸和数量应经计算确定。对于预制梁端面的键槽，其深度不宜小于30 mm，宽度不宜小于深度的3倍且不宜大于深度的10倍；键槽可贯通截面，当不贯通时槽口距离截面边缘不宜小于50 mm；键槽间距宜等于键槽宽度；键槽端部斜面倾角不宜大于30°。对于预制剪力墙侧面的键槽，其深度不宜小于20 mm，宽度不宜小于深度的3倍且不宜大于深度的10倍；键槽间距宜等于键槽宽度；键槽端部斜面倾角不宜大于30°。对于预制柱底部的键槽，其深度不宜小于30 mm；键槽端部斜面倾角不宜大于30°（图2-2）。

图 2-1　混凝土粗糙面

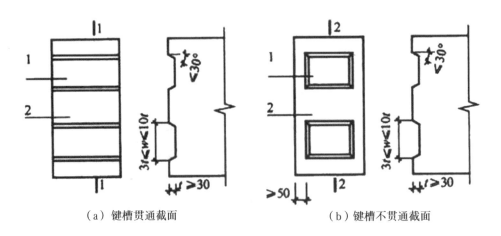

（a）键槽贯通截面　　　　　　　　　　（b）键槽不贯通截面

图 2-2　梁端键槽构造示意

预制板与后浇混凝土叠合层之间的结合面应设置粗糙面。预制梁与后浇混凝土叠合层之间的结合面应设置粗糙面，预制梁端面应设置键槽且宜设置粗糙面（图2-3）。预制剪力墙的顶部和底部与后浇混凝土的结合面应设置粗糙面；侧面与后浇混凝土的结合面应做成粗糙面，也可设置键槽。预制柱的底部应设置键槽且宜做成粗糙面，柱顶应设置粗糙面。

图2-3　梁端键槽

预制构件粗糙面可采用模板面预涂缓凝剂的工艺，待脱模后采用高压水冲洗露出骨料的方式制作，也可以在叠合层粗糙面混凝土初凝前进行拉毛处理。

2.1.3 后浇混凝土

目前，我国装配式混凝土建筑主要采用的是将预制混凝土构件进行可靠连接，并在连接部位浇筑混凝土而形成整体的方式，即装配整体式混凝土结构。可见，预制构件的连接需要在施工现场进行浇筑混凝土作业。

装配式混凝土建筑中，现浇混凝土的强度等级不应低于C25。此外，由于预制构件间的连接区段往往较小，以至于施工时作业面小，混凝土浇筑和振捣质量难以保证，因此结合部位和接缝处的现浇混凝土宜采用自密实混凝土，其他部位的现浇混凝土也建议采用自密实混凝土。

自密实混凝土是指具有高流动性、均匀性和稳定性，浇筑时无须外力振捣，能够在自身重力作用下流动并充满模板空间的混凝土。配制自密实混凝土宜采用硅酸盐水泥或普通硅酸盐水泥，不宜使用铝酸盐水泥、硫铝酸盐水泥等凝结时间短、流动性损失大的水泥；应合理选择骨料的级配，粗骨料最大公称粒径不宜大于20 mm，复杂形状的结构以及有特殊要求的工程,粗骨料最大公称粒径不宜大于 16 mm。自密实混凝土宜采用集中搅拌方式生产,其搅拌时间应比非自密实混凝土适当延长,且不应少于 60 s;运输时应保持运输车的滚筒以 3—5 r/min 匀速转动,卸料前宜高速旋转 20 s 以上。此外,应保持自密实混凝土泵送和浇筑过程的连续性。

2.2 钢筋和钢材

2.2.1 钢筋

2.2.1.1 纵向受力钢筋

装配式混凝土建筑所使用的钢筋宜采用高强度钢筋。纵向受力普通钢筋宜采用 HRB400、HRB500、HRBF400、HRBF500 钢筋,其中梁、柱纵向受力普通钢筋应采用 HRB400、HRB500、HRBF400、HRBF500 钢筋。钢筋的强度标准值应具有不小于 95% 的保证率。

普通钢筋采用套筒灌浆连接和浆锚搭接连接时,钢筋应采用热轧带肋钢筋。热轧钢筋的肋,可以使钢筋与灌浆料之间产生足够的摩擦力,有效地传递应力,从而形成可靠的连接接头。

2.2.1.2 钢筋锚固板

锚固板是指设置于钢筋端部用于钢筋锚固的承压板。钢筋锚固板的锚固性能安全可靠,施工工艺简单,加工速度快,有效地减少了钢筋的锚固长度,从而节约了钢材。钢筋锚固板是解决节点核心区钢筋拥堵的有效方法,具有广阔的发展前景(图 2-4)。

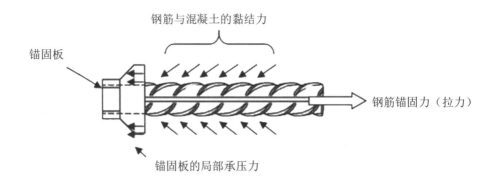

图 2-4　钢筋锚固板受力机理图

按照发挥钢筋抗拉强度的机理不同,锚固板分为全锚固板和部分锚固板。全锚固板是指依靠锚固板承压面的混凝土承压作用,发挥钢筋抗拉强度的锚固板;部分锚固板是指依靠埋入长度范围内,钢筋与混凝土的黏结和锚固板承压面的混凝土承压作用共同发挥钢筋抗拉强度的锚固板。

锚固板应按照不同分类确定其尺寸,且应符合下列要求。

(1)全锚固板承压面积不应小于钢筋公称面积的9倍。

(2)部分锚固板承压面积不应小于钢筋公称面积的4.5倍。

(3)锚固板厚度不应小于被锚固钢筋直径的1倍。

(4)当采用不等厚或长方形锚固板时,除应满足上述面积和厚度要求外,尚应通过国家、省部级主管部门组织的产品鉴定(图2-5)。

图2-5 钢筋锚固板实物

2.2.1.3 钢筋焊接网

钢筋焊接网是指具有相同或不同直径的纵向和横向钢筋分别以一定间距垂直排列,全部交叉点均用电阻点焊焊在一起的钢筋网片。钢筋焊接网适合工厂化和规模化生产,是效益高、符合环境保护要求、适应建筑工业化发展趋势的新兴产业。

在预制混凝土构件中,尤其是墙板、楼板等板类构件中,推荐使用钢筋焊接网,以提高生产效率。在进行结构布置时,应合理确定预制构件的尺寸和规格,便于钢筋焊接网的使用。钢筋焊接网应符合相关现行行业标准的规定(图2-6)。

2.2.1.4 吊装预埋件

为了节约材料、方便施工、吊装可靠,并避免外露金属件的锈蚀,预制构件的吊装方式宜优先采用内埋式螺母、内埋式吊杆或预留吊装孔。吊装用内埋式螺母、吊杆、吊钉等应根据相应的产品标准和应用技术规程选用,其材料应符合国家现行相关行业标准的规定。如果采用钢筋吊环,应采用未经冷加工的HPB300级钢筋制作(图2-7)。

图 2-6　钢筋焊接网

图 2-7　吊装预埋件

2.2.2 钢材

为保证承重结构的承载能力和防止在一定条件下出现脆性破坏,应根据结构的重要性、荷载特征、结构形式、应力状态、连接方法、钢材厚度和工作环境等因素综合考虑,选用合适的钢材牌号和材性。

承重结构的钢材宜采用 Q235 钢、Q345 钢、Q390 钢和 Q420 钢,其质量应符合相关现行国家标准的规定。当采用其他牌号的钢材时,还应符合相应的有关标准的规定和要求。

2.2.3 钢筋连接材料

装配式混凝土建筑中,钢筋连接方式不仅包括传统的焊接、机械连接和搭接,还包括钢筋套筒灌浆连接和浆锚搭接连接。其中,钢筋套筒灌浆连接应用最广泛。

2.2.4 套筒灌浆连接

钢筋套筒灌浆连接是指在预制混凝土构件内预埋的金属套筒中,插入钢筋并灌注水泥基灌浆料而实现的一种钢筋连接方式（图2-8）。这种技术在美国和日本已经有近40年的应用历史，在我国台湾地区也有多年的应用历史。40年来，上述国家和地区对钢筋套筒灌浆连接的技术进行了大量的试验研究，采用这项技术的建筑物也经历了多次地震的考验，包括日本一些大地震的考验。美国认证协会（ACI）明确地将这种接头归类为机械连接接头，并将这项技术广泛用于预制构件受力钢筋的连接，同时也用于现浇混凝土受力钢筋的连接，目前，它已是一项十分成熟和可靠的技术。在我国大陆地区，这种接头在电力和冶金部门有过20余年的成功应用，近年来开始引入建工部门。中国建筑科学研究院、中冶建筑研究总院有限公司、清华大学、万科企业股份有限公司等单位都对这种接头进行了一定数量的试验研究工作，证实了它的安全性。

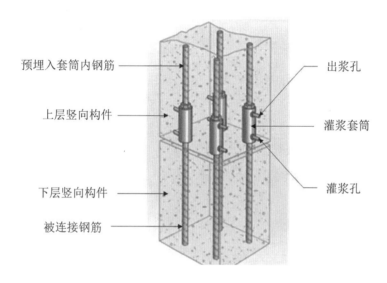

预埋入套筒内钢筋

上层竖向构件

下层竖向构件

被连接钢筋

出浆孔

灌浆套筒

灌浆孔

图 2-8　钢筋套筒灌浆连接构件接头示意

2.2.4.1 灌浆套筒

钢筋连接用灌浆套筒，是指通过水泥基灌浆料的传力作用，将钢筋对接连接所用的金属套筒。按加工方式分类，灌浆套筒分为铸造灌浆套筒和机械加工灌浆套筒。按结构形式分类，灌浆套筒可分为全灌浆套筒和半灌浆套筒。全灌浆套筒是指接头两端均采用灌浆方式连接钢筋的灌浆套筒（图2-9、图2-10）；半灌浆套筒是指接头一端采用灌浆方式连接，另一端采用非灌浆方式连接钢筋的灌浆套筒；通常另一端采用螺纹连接（图2-11）。半灌浆套筒按非灌浆一端的连接方式分类，可分为直接滚轧直螺纹灌浆套筒、剥肋滚轧直螺纹灌浆套筒和镦粗直螺纹灌浆套筒。

图 2-9　全灌浆套筒实物图

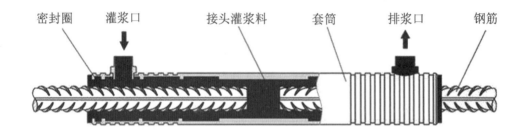

图 2-10　全灌浆套筒示意图

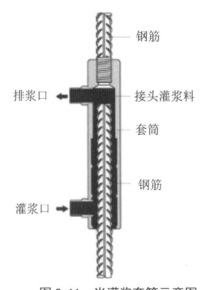

图 2-11　半灌浆套筒示意图

其中,灌浆孔是指用于加注水泥基灌浆料的入料口,通常为光孔或螺纹孔;排浆孔是指用于加注水泥灌浆料时通气,并将注满后的多余灌浆料溢出的排料口,通常为光孔或螺纹孔。

采用套筒灌浆连接的构件混凝土强度等级不宜低于 C30。钢筋套筒灌浆端最小直径与连接钢筋公称直径的差值,当钢筋直径为 12—25 mm 时,不应小于 10 mm;当钢筋直径为 28—40 mm 时,不应小于 15 mm。灌浆套筒用于钢筋锚固的深度不宜小于插入钢筋公称直径的 8 倍。当灌浆套筒规定的连接钢筋直径与实际用于连接的钢筋直径不同时,应按灌浆套筒灌浆端用于钢筋锚固的深度要求确定钢筋锚固长度。

钢筋套筒灌浆连接接头的抗拉强度和屈服强度不应小于连接钢筋的抗拉强度和屈服强度标准值,且破坏时应断于接头外钢筋。设计与施工时应注意,应采用与连接钢筋牌号、直径配套的灌浆套筒。接头连接钢筋的强度等级不应大于灌浆套筒规定的连接钢筋强度等级。接头连接钢筋的直径规格不应大于灌浆套筒规定的连接钢筋直径规格,且不宜小于灌浆套筒规定的连接钢筋直径规格一级以上。为保证灌浆施工的可行性,竖向构件的配筋应结合灌浆孔、出浆孔的位置,使灌浆孔、出浆孔对外,以便为可靠灌浆提供施工条件。此外,对于截面尺寸较大的竖向构件,尤其是对于底部设置键槽的预制柱,应再设置排气孔(图 2-12)。

图 2-12 灌浆作业

混凝土构件中灌浆套筒的净距不应小于 25 mm。混凝土构件的灌浆套筒长度范围内,预制混凝土柱箍筋的混凝土保护层厚度不应小于 20 mm,预制混凝土墙最外层钢筋的混凝土保护层厚度不应小于 15 mm。

2.2.4.2 钢筋连接用套筒灌浆料

钢筋连接用套筒灌浆料，是以水泥为基本材料，配以细骨料，以及混凝土外加剂和其他材料组成的干混料，加水搅拌后具有良好的流动性、早强、高强、微膨胀等性能，填充于套筒和带肋钢筋间隙内的干粉料，简称套筒灌浆料。套筒灌浆料的性能应符合表2-2的要求。

表 2-2　套筒灌浆料的技术性能

检测项目		性能指标
流动性（mm）	初始	≥300
	30 min	≥260
抗压强度（MPa）	1 d	≥35
	3 d	≥60
	28 d	≥85
竖向膨胀率（%）	3 h	≥0.02
	24 h 与 3 h 差值	0.02—0.5
氯离子含量（%）		≤0.3
泌水率（%）		0

灌浆料抗压强度应符合表2-2的要求，且不应低于接头设计要求的灌浆抗压强度。灌浆料抗压强度试件尺寸应按40 mm×40 mm×160 mm尺寸制作，其加水量应按灌浆料产品说明书确定，试件应按标准方法制作、养护。

钢筋连接用套筒灌浆料多采用预拌成品灌浆料。生产厂家应提供产品合格证、使用说明书和产品质量检测报告。交货时，产品质量验收可抽取实物试样，以其检验结果为依据；也可以产品同批号的检验报告为依据。采用何种方法验收由买卖双方商定，并在合同或协议中注明。

套筒灌浆料应采用防潮袋（筒）包装。每袋（筒）净含量宜为25 kg或50 kg且不应小于标志质量的99%。包装袋（筒）上应标明产品名称、净质量、使用说明、生产厂家（包括单位地址、电话）、生产批号、生产日期、保质期等内容。产品运输和储存时不应受潮和混入杂物；产品应储存于通风、干燥、阴凉处，运输过程中应注意避免阳光长时间照射。

2.2.5　浆锚搭接连接

钢筋浆锚搭接连接是指在预制混凝土构件中预留孔道，在孔道中插入需搭接的钢筋，并灌注水泥基灌浆料而实现的钢筋搭接连接方式。构件安装时，将需搭接的钢筋插入孔洞内至设定的搭接长度,通过灌浆孔和排气孔向孔洞内灌入灌浆料,经灌浆料凝结硬化后,完成两根钢筋的搭接。其中,预制构件的受力钢筋在采用有螺旋箍筋约束的孔道中进行搭接的技术,称为钢筋约束浆锚搭接连接(图2-13)。

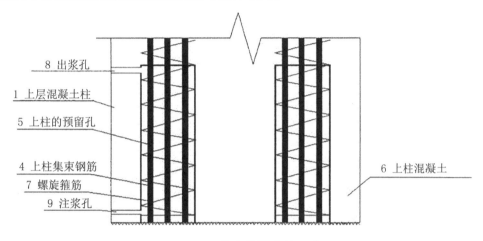

图 2-13 约束浆锚连接示意

钢筋浆锚搭接技术在欧洲有多年的应用历史和研究成果。早在1989年我国就将这项技术引入规范中。近年来,国内的科研单位及企业对各种形式的钢筋浆锚搭接连接接头进行了试验研究工作,已有一定的技术基础。钢筋浆锚搭接技术的关键,包括孔洞内壁的构造及其成孔技术、灌浆料的质量,以及约束钢筋的配置方法等各个方面。鉴于我国目前对钢筋浆锚搭接连接接头尚无统一的技术标准,因此行业对钢筋浆锚搭接在工程上的管理较为严格。目前,浆锚搭接连接技术应用较少,其普及程度远远不如套筒灌浆连接技术。

直径大于20 mm的钢筋不宜采用浆锚搭接连接,直接承受动力荷载的构件纵向钢筋不应采用浆锚搭接连接。

2.3 保温材料

2.3.1 外墙保温拉结件

外墙保温拉结件是用于连接预制保温墙体内外层混凝土墙板,传递墙板剪力,以使内外层墙板形成整体的连接器(图2-14)。拉结件宜选用纤维增强复合材料或不锈钢薄钢板加工制作。

图 2-14　外墙保温拉结件

夹心外墙板中内外叶墙板的拉结件应符合下列规定。

（1）金属及非金属材料拉结件均应具有规定的承载力、变形和耐久性能，并应经过试验验证。

（2）拉结件应满足夹心外墙板的节能设计要求。

（3）连接件宜采用矩形或梅花形布置，间距一般为 400—600 mm，连接件与墙体洞口边缘距离一般为 100—200 mm。

当有可靠依据时也可按设计要求确定。

2.3.2　夹心外墙板保温材料

外墙板保温材料依据材料性质来分类，可分为有机材料、无机材料和复合材料。不同的保温材料性能各异，材料的导热系数数值大小是衡量保温材料的重要指标。装配式混凝土建筑中，夹心外墙板中的保温材料，其导热系数不宜大于 0.040 W/（m·K），体积比吸水率不宜大于 0.3%。常用的夹心外墙板保温材料有聚苯板（EPS 板）、挤塑板（XPS 板）、石墨聚苯板、泡沫混凝土板、发泡聚氨酯板、真空绝热板等（图 2-15）。

图 2-15　夹心外墙板保温材料

2.3.3 外装饰材料

当装配式建筑采用全装修方式建造时，还可能使用到外装饰材料，如涂料和面砖等。其材料性能、质量应满足现行相关标准和设计要求。当采用面砖饰面时，宜选用背面带燕尾槽的面砖，燕尾槽尺寸应符合工程设计和相关标准要求。其他外装饰材料应符合相关标准的规定。

外装饰材料应符合以下要求：

（1）石材、面砖、饰面砂浆及真石漆等外装饰材料应有产品合格证和出厂检验报告，质量应满足现行相关标准的要求。装饰材料进厂后应按规范的要求进行复检。

（2）石材和面砖应按照预制构件设计图编号、品种、规格、颜色、尺寸等分类标识存放。

（3）当采用石材或瓷砖饰面时，其抗拔力应满足相关规范及安全使用要求。当采用石材饰面时，应进行防返碱处理。厚度在 25 mm 以上的石材，宜采用卡件连接。瓷砖背沟深度应满足相关规范的要求。面砖采用反贴法时，使用的黏结材料应满足现行相关标准的要求。

2.3.4 墙体接缝构造

墙体是建筑物竖直方向的主要构件，其主要作用是承重、围护和分隔空间。作为建筑物的外墙，除需具备设计要求的强度、刚度和稳定性外，还需要具有保温、隔热、隔声、防火和防水性能。

对于装配式混凝土建筑而言，预制墙体间的接缝质量对墙体实现上述性能要求意义重大。施工时应保证接缝处的作业质量。接缝材料应与混凝土具有相容性，以及规定的抗剪切和伸缩变形能力，并具有防霉、防火、防水、耐候等性能。对于有防水要求的外墙，接缝处必须用有可靠防水性能的嵌缝材料,且材料的嵌缝深度不得小于 20 mm。目前最常见的防水措施是构造防水和材料防水相结合。其中,防水材料常采用具有弹性塑料棒(PE 棒)为背衬的耐候性防水密封胶条,防水构造常采用高低企口缝、双直槽缝等构造措施。外墙板接缝防水施工应由专业人员进行(图 2-16)。

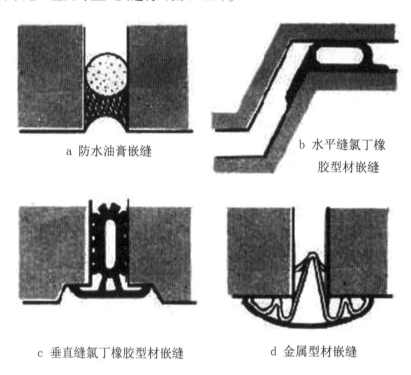

a 防水油膏嵌缝　　　　　b 水平缝氯丁橡胶型材嵌缝

c 垂直缝氯丁橡胶型材嵌缝　　　　d 金属型材嵌缝

图 2-16　外墙防水措施

外墙板接缝防水施工前,应将板缝空腔清理干净。施工时应按设计要求填塞背衬材料。密封材料嵌填应饱满、密实、均匀、顺直、表面平滑,其厚度应符合设计要求。

课后习题

1.预制混凝土构件表面的粗糙面和键槽分别有哪些要求?

2.灌浆套筒按其结构形式可分成哪几类?

3.套筒灌浆料的技术性能应满足哪些要求?

4.简述外墙接缝处常用的防水措施。

第3章 装配式混凝土结构建筑

3.1 装配式混凝土结构建筑技术体系

装配式混凝土结构是由预制混凝土构件（包括预制混凝土剪力墙或柱、预制混凝土叠合楼板或梁、预制混凝土楼梯、预制混凝土阳台，以及预制混凝土空调板等）通过可靠的连接方式装配而成的混凝土结构。为了满足因抗震而提出的"等同现浇"要求，目前常采用装配整体式混凝土结构，即由预制混凝土构件通过可靠的方式进行连接，并与现场后浇混凝土、水泥基灌浆料形成整体的装配式混凝土结构，包括装配整体式混凝土框架结构、装配整体式混凝土剪力墙结构、装配整体式混凝土框架 – 剪力墙结构等，如图3-1所示。装配式混凝土结构建筑技术体系，一般包括结构体系、围护体系、内装体系及设备管线体系，其中围护体系又分为外墙、内隔墙及楼板结构等。

装配式混凝土结构作为装配式建筑的主力军，对装配式建筑的发展发挥着重要作用，主要适用于住宅建筑和公共建筑。装配式混凝土结构承受竖向与水平荷载的基本单元主要为框架和剪力墙，这些基本单元可组成不同的结构体系。本部分主要介绍结构体系。

图 3-1　装配式混凝土结构

3.1.1 装配整体式混凝土框架结构

装配整体式混凝土框架结构体系为全部或部分框架梁、柱采用预制构件,通过采用各种可靠的方式进行连接,形成整体的装配式混凝土结构体系,简称装配整体式框架结构。装配整体式框架结构基本组成构件为柱、梁、板等。一般情况下,楼盖采用叠合楼板,梁采用预制,柱可以预制也可以现浇,梁柱节点采用现浇。框架结构建筑平面布置灵活,造价低,使用范围广泛,主要应用于多层工业厂房、仓库、商场、办公楼、学校等建筑。

对装配式结构而言,预制构件之间的连接是最关键的核心技术。常用的连接方式为钢筋套筒灌浆连接和我国自主研发的螺旋箍筋约束浆锚搭接技术。当结构层数较多时,柱的纵向钢筋采用套筒灌浆连接可保证结构的安全;对于低层和多层框架结构,柱的纵向钢筋连接也可以采用一些相对简单及造价较低的方法,如钢筋约束浆锚连接技术。装配整体式混凝土框架结构根据连接形式,常见以下两种情况。

3.1.1.1 刚性连接（等同于现浇结构）

（1）基于一维构件,如图 3-2。

把梁、柱预制成一维构件,通过一定的方法连接而成。预制构件端部伸出的预留钢筋用焊接或钢套筒连接,然后现场浇筑混凝土。

优点:构件生产及施工方便,结构整体性较好,可做到等同现浇结构。

缺点:接缝位于受力关键部位,连接要求高。

图 3-2　刚性构件（一维构件）

（2）基于二维构件,如图 3-3。

采用平面 T 型和十字型或一字型构件,通过一定的方法连接。

优点:节点性能较好,接头位于受力较小部分。

缺点:生产、运输、堆放,以及安装施工不方便。

图 3-3 刚性构件（二维构件）

（3）基于三维构件，如图 3-4。

采用三维双 T 型和双十字型构件，通过一定的方法连接。

优点：能减少施工现场布筋、浇筑混凝土等工作，接头数量较少。

缺点：三维构件，重量大，不便于生产、运输、堆放，以及安装施工。该种框架体系应用较少。

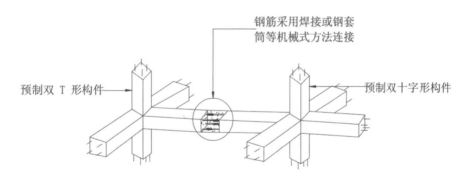

图 3-4 刚性构件（三维构件）

3.1.1.2 柔性连接（不等同于现浇结构）

节点采用柔性连接，如图 3-5。连接部位抗弯能力比预制构件低，地震作用下弹塑性变形通常发生在连接处。其既可以用于预制混凝土框架体系，又可以用于预制混凝土板柱结构。变形在弹性范围内，因此结构恢复性能好，震后只需对连接部位进行修复就可以继续使用，具有较好的经济性能。柔性连接的预制混凝土结构设计原则与现浇结构有很大的不同，符合 "基于性能" 的抗震设计思想。

图 3-5　柔性连接

3.1.2 装配整体式混凝土剪力墙结构

3.1.2.1 装配式剪力墙结构体系分类

国内装配式剪力墙结构体系按照主要受力构件的预制及连接方式可分为装配整体式剪力墙结构体系（钢筋连接方式包括套筒灌浆连接、浆锚搭接连接等）、叠合剪力墙结构体系和多层剪力墙结构体系。

各结构体系中，装配整体式剪力墙结构体系应用较多，适用的房屋高度最大，如图 3-6中（a）图所示；叠合剪力墙结构体系，主要应用于多层建筑或低烈度区高度不大的高层建筑中,如图 3-6 中(b)图所示;多层剪力墙结构体系目前应用较少,但基于其高效、简便的特点,在新型城镇化的推进过程中前景广阔,如图 3-6 中(c)图所示。

图 3-6　装配式剪力墙结构体系

3.1.2.2 装配整体式混凝土剪力墙结构

（1）装配整体式混凝土剪力墙结构的技术特点。

装配整体式混凝土剪力墙结构的主要受力构件，如内外墙板、楼板等在工厂生产，并在现场组装而成。预制构件之间通过现浇节点连接在一起，有效地保证了建筑物的整体性和抗震性能。这种结构可大大提高结构尺寸的精度和住宅的整体质量；减少模板和脚手架作业，提高施工安全性；外墙保温材料和结构材料（钢筋混凝土）复合一体工厂化生产，节能保温效果明显，保温系统的耐久性得到极大的提高；构件通过标准化生产，土建和装修一体化设计，减少浪费；户型标准化，模数协调，房屋使用面积相对较大，节约土地资源；采用装配式建造，减少现场湿作业量，降低施工噪声和粉尘污染，减少建筑垃圾和污水排放。

（2）装配整体式混凝土剪力墙结构体系。

装配整体式混凝土剪力墙结构以预制混凝土剪力墙和现浇混凝土剪力墙作为结构的竖向承重和水平抗侧力构件，通过整体式连接而成。其包括同层预制墙板间，以及预制墙板与现浇剪力墙的整体连接，即采用竖向现浇段将预制墙板，以及现浇剪力墙连接成为整体；楼层间预制墙板的整体连接，即通过预制墙板底部结合面灌浆，以及顶部的水平现浇带和圈梁；将相邻楼层的预制墙板连接成为整体；预制墙板与水平楼盖之间的整体连接，即水平现浇带和圈梁。

目前，装配整体式混凝土剪力墙结构的关键技术，在于预制剪力墙之间的拼缝连接。预制墙体的竖向接缝多采用后浇混凝土连接，其水平钢筋在后浇段内锚固或者搭接，具体有以下四种连接做法：① 竖向钢筋采用套筒灌浆连接，拼缝采用灌浆料填实；② 竖向钢筋采用螺旋箍筋约束浆锚搭接连接，拼缝采用灌浆料填实；③ 竖向钢筋采用金属波纹管浆锚搭接连接拼缝采用灌浆料填实；④ 竖向钢筋采用套筒灌浆连接结合预留后浇区搭接连接。

（3）套筒灌浆连接技术。

钢筋套筒灌浆连接技术是指带肋钢筋插入内腔为凹凸表面的灌浆套筒，通过向套筒与钢筋的间隙灌注专用高强水泥基灌浆料，灌浆料凝固后将钢筋锚固在套筒内，实现针对预制构件的一种钢筋连接技术。该技术将灌浆套筒预埋在混凝土构件内，在安装现场从预制构件外通过注浆管将灌浆料注入套筒，来完成预制构件钢筋的连接，是预制构件中受力钢筋连接的主要形式，主要用于各种装配整体式混凝土结构的受力钢筋连接。

钢筋套筒灌浆连接接头由钢筋、灌浆套筒、灌浆料三种材料组成,如图 3-7 所示。其中灌浆套筒分为半灌浆套筒和全灌浆套筒,半灌浆套筒连接的接头一端为灌浆连接,另一端为机械连接。

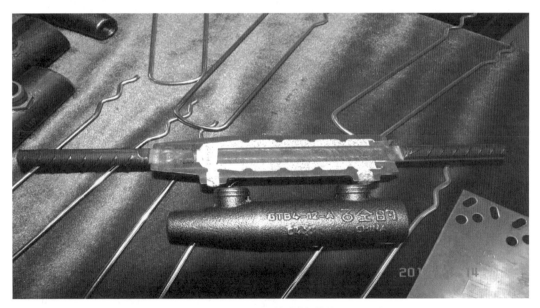

图 3-7　钢筋套筒灌浆

钢筋套筒灌浆连接施工流程主要包括:预制构件在工厂完成套筒与钢筋的连接、套筒在模板上的安装固定和进出浆管道与套筒的连接,在建筑施工现场完成构件安装、灌浆腔密封、灌浆料加水拌合及套筒灌浆。

竖向预制构件的受力钢筋连接可采用半灌浆套筒或全灌浆套筒。构件宜采用连通腔灌浆方式,并应合理划分连通腔区域。构件也可采用单个套筒独立灌浆,构件就位前水平缝处应设置坐浆层。套筒灌浆连接应采用由经接头形式检验确认的与套筒相匹配的灌浆料，使用与材料工艺配套的灌浆设备，以压力灌浆方式将灌浆料从套筒下方的进浆孔灌入，从套筒上方出浆孔流出，及时封堵进出浆孔，确保套筒内有效连接部位的灌浆料填充密实。

水平预制构件纵向受力钢筋在现浇带处连接，可采用全灌浆套筒连接。套筒安装到位后，套筒注浆孔和出浆孔应位于套筒上方，使用单套筒灌浆专用工具或设备进行压力灌浆，灌浆料从套筒一端进浆孔注入，从另一端出浆口流出后，进浆、出浆孔接头内灌浆料浆面均应高于套筒外表面最高点。

套筒灌浆施工后，灌浆料同条件养护试件的抗压强度达到 35 MPa 后，方可进行对接头有扰动的后续施工。

（4）螺旋箍筋约束浆锚搭接连接技术。

传统现浇混凝土结构的钢筋搭接，一般采用绑扎连接或直接焊接等方式；而装配式结构预制构件之间的连接，除了采用钢筋套筒灌浆连接以外，有时也采用钢筋浆锚连接的方式。与钢筋套筒连接相比，钢筋浆锚连接同样安全可靠、施行方便、成本相对较低。在预制构件中在螺旋箍筋约束的孔道中进行搭接的技术，称为钢筋约束浆锚搭接连接，如图 3-8。

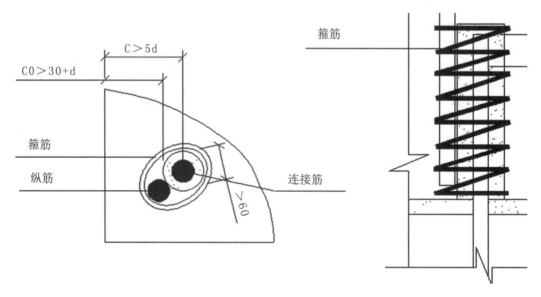

图 3-8　钢筋约束浆锚搭接

约束浆锚连接的原理：浆锚搭接连接是基于黏结锚固原理进行连接的一种方法，在竖向结构构件下段范围内预留出竖向孔洞，孔洞内壁表面留有螺纹状粗糙面，周围配有横向约束螺旋箍筋，将下部装配式预制构件预留钢筋插入孔洞内，通过灌浆孔注入灌浆料将上、下构件连接成一体的连接方式。研究表明，约束浆锚搭接连接是一种较为可靠的钢筋连接技术,可以应用于装配整体式剪力墙的竖向钢筋连接。

(5) 金属波纹管浆锚搭接连接技术。

金属波纹管浆锚搭接连接:墙板主要受力钢筋采用插入一定长度的钢套筒或预留金属波纹管孔洞,灌入高性能灌浆料形成的钢筋搭接连接接头。金属波纹浆锚管:采用镀锌钢带卷制形成的单波或双波形咬边扣压制成的预埋于预制钢筋混凝土构件中,用于竖向钢筋浆锚接的金属波纹管,如图 3-9。

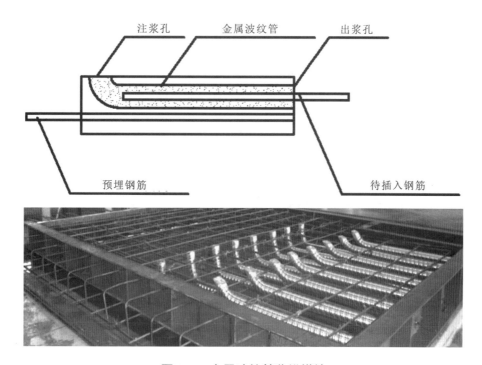

图 3-9 金属波纹管浆锚搭接

金属波纹管浆锚搭接连接的要求:

纵向钢筋采用浆锚搭接时,对预留成孔工艺、孔道形状和长度、构造要求、灌浆料和被连接钢筋应进行力学性能和实用性试验验证。直径大于 20 mm 的钢筋不宜采用浆锚搭接连接。直接承受动力载荷构件的纵向钢筋不应采用浆锚搭接连接。房屋高度大于 12 m 或超过三层时,不宜使用浆锚搭接连接。在多层框架结构中,《装配式混凝土结构设计规程》不推荐采用浆锚搭接方式。相比较而言,钢筋套筒灌浆连接技术更加成熟,适用于较大直径钢筋的连接;广泛应用于装配式混凝土结构中剪力墙、柱等纵向受力钢筋的连接。钢筋浆锚搭接连接适用于较小直径的钢筋(d ≤ 20 mm)的连接,连接长度较大,不适用于直接承受动力荷载构件的受力钢筋连接。

(6) 叠合剪力墙体系。

作为装配整体式混凝土剪力墙结构体系的一种特例,叠合剪力墙体系是将剪力墙沿厚度方向分为三层,内、外两层预制,中间层后浇,形成"三明治"结构,如图 3-10 所示。三层之间通过预埋在预制板内桁架钢筋进行结构连接。叠合剪力墙利用内、外两侧预制部分作为模板,中间层后浇混凝土可与叠合楼板的后浇层同时浇筑,施工便利、速度较快。一般情况下,相邻层剪力墙仅通过在后浇层内设置的连接钢筋进行结构连接,虽然施工快捷,但内、外两层预制混凝土板与相邻层不相连接(包括配置在内、外侧预制墙板内的分布钢筋也不上下连接),因此预制混凝土墙板部分在水平接缝位置基本不参与抵抗水平剪力,其在水平接缝处的平面内受剪和平面外受弯有效墙厚大幅减少,其最大适用高度也受到相应的限制。国家标准《装配式混凝土建筑技术标准》(GB/T 51231—2016)中明确规定该结构适用于抗震设防烈度 8 度及以下地区、建筑高度不超过 90 m 的装配式房屋。

图 3-10　叠合剪力墙

3.1.3 装配整体式混凝土框架－剪力墙结构体系

框架－剪力墙结构是由框架和剪力墙共同承受竖向和水平作用的结构，兼有框架—剪力墙结构的特点，体系中框架和剪力墙布置灵活，较易实现大空间和较高的适用高度，可以满足不同建筑功能的要求，广泛应用于居住建筑、商业建筑及办公建筑等。当剪力墙在结构中集中布置形成筒体时，就成为框架—核心筒结构，其主要特点是剪力墙布置在建筑平面核区域，形成结构刚度和承载力较大的筒体，同时可作为竖向交通核（楼梯、电梯间）和设备管井使用，特别适合于办公、酒店及公寓等高层和超高层民用建筑。

3.1.3.1 装配整体式混凝土框架－现浇剪力墙结构体系

装配整体式混凝土框架－现浇剪力墙结构体系中，框架结构部分的要求详见装配整体式混凝土框架部分，剪力墙部分为现浇结构，与普通现浇剪力墙结构要求相同，框架－现浇的连接节点，如图3-11。这种体系的优点是适用高度大，抗震性能好，框架部分的装配化程度较高；主要缺点是现场同时存在预制装配和现浇两种作业方式，施工组织和管理复杂，效率不高。

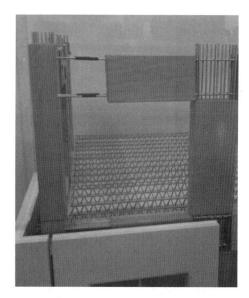

图 3-11　框架－现浇连接节点

3.1.3.2 装配整体式混凝土框架－现浇核心筒结构体系

装配整体式混凝土框架—现浇核心筒结构体系（框架－核心筒结构）中，核心筒具有很大的水平抗侧刚度和承载力，是框架—核心筒结构的主要受力构件，可以分担绝大部分的水平剪力（一般大于80%）和大部分的倾覆弯矩（一般大于50%），如图3-12。由于核心筒具有空间结构的特点,若将核心筒设计为预制装配式结构,则会造成预制剪力墙构件生产、运输、安装施工困难,效率及经济效益并不高。因此,从保证结构安全及施工效率的角度出发,国内外均不采用预制核心筒的结构形式。核心筒部位的混凝土浇筑量大且集中,可采用滑模施工等较先进的施工工艺,施工效率高。而外框架部分主要承担竖向荷载和部分水平荷载,承受的水平剪力很小,且主要由柱、梁、板等构件组成,适合装配式工法施工。现有的钢框架－现浇混凝土核心筒结构就是应用比较成熟的范例。

图 3-12　装配整体式混凝土框架－现浇核心筒结构

3.2 装配式混凝土结构建筑主要标准和规范

近几年来,随着工业化和城镇化进程的加快、劳动力成本的不断增长,我国在装配式建筑领域的研究与应用不断升温,地方政府积极推进、相关企业积极响应,积极开展相关技术的研究与应用,形成了良好的发展态势。特别是为了满足装配式建筑应用的需求,国家住房和城乡建设部编制和修订了国家标准《装配式混凝土建筑技术标准》《装配式建筑评价标准》《混凝土结构工程施工质量验收规范》等;行业标准《装配式混凝土结构技术规程》《钢筋套筒灌浆连接应用技术规程》等;产品标准《钢筋连接用灌浆套筒》《钢筋连接用套筒灌浆料》等。

3.2.1 装配式混凝土结构建筑设计标准与规范

目前,与装配式混凝土结构建筑相关的部分现行设计标准与规范见表3-1。部分技术标准或技术规范中既有设计部分内容,又有施工或验收部分内容,如《装配式混凝土建筑技术标准》《装配式混凝土结构技术规程》等标准规范,在表3-1和表3-2中未重复列出。

表 3-1 混凝土结构建筑相关设计标准与规范

序号	标准 / 规范名称	标准 / 规范编号
1	建筑模数协调标准	GB/T 50002-2013
2	厂房建筑模数协调标准	GB/T50006-2010
3	房屋建筑制图统一标准	GB/T50001-2017
4	装配式混凝土建筑技术标准	GB/T51231-2016
5	混凝土结构设计规范	GB50010-2010（2015 年版）
6	建筑设计防火规范	GB50016-2014（2018 年版）
7	装配式建筑评价标准	GB/T51129-2017
8	建筑结构荷载规范	GB 50009-2012
9	高耸结构设计规范	GB50135-206
10	建筑抗震设计规范	GB50011-2010（2016 年版）
11	预应力混凝土空心板	GB/T14040-2007
12	钢筋混凝土升板结构技术规范	GBJ 130-1990
13	装配式住宅建筑设计标准	JGJ/T398-2017
14	组合结构设计规范	JGJ138-2016
15	矩形钢管混凝土结构设计规程	CECS 159-2004
16	钢筋混凝土装配整体式框架节点与连接设计规程	CECS 43-1992
17	预制混凝土剪力墙外墙板	15G365-1
18	预制混凝土剪力墙内墙板	15G365-2
19	桁架钢筋混凝土叠合板（60mm 厚底板）	15G366-1
20	预制钢筋混凝土板式楼梯	15G367-1
21	预制钢筋混凝土阳台板、空调板及女儿墙	15G368-1
22	装配式混凝土结构连接节点构造（2015 年合订本）	G310-1—2
23	装配式混凝土结构表示方法及示例（剪力墙结构）	15G107-1
24	装配式混凝土结构住宅建筑设计示例（剪力墙结构）	15J939-1

3.2.2 装配式混凝土结构建筑施工验收标准与规范

目前，与混凝土结构建筑相关的部分现行施工验收标准与规范见表 3-2。

表 3-2　混凝土结构建筑相关施工验收标准与规范

序号	标准 / 规范名称	标准 / 规范编号
1	混凝土结构工程施工规范	GB50666-2011
2	混凝土结构工程施工质量验收规范	GB50204-2015
3	建筑工程施工质量验收统一标准	GB50300-2013
4	装配式混凝土结构技术规程	JGJ1-2014
5	高层建筑混凝土结构技术规程	JGJ3-2010
6	预制预应力混凝土装配整体式框架结构技术规程	JGJ224-2010
7	预制带肋底板混凝土叠合楼板技术规程	JGJ/T258-2011
8	钢筋套筒灌浆连接应用技术规程	JGJ/T355-2015
9	钢筋连接用灌浆套筒	JG/T398-2012
10	钢筋连接用套筒灌浆料	JG/T408-2013
11	整体预应力装配式板柱结构技术规程	CECS52-2010
12	混凝土钢管叠合柱结构技术规程	CECS188-2005
13	钢管混凝土结构技术规程	CECS28-2012

3.3 装配式混凝土结构建筑典型案例

3.3.1 编制依据

××项目"预制 PC 构件施工方案"是根据本工程特点与现场实际情况，并结合施工经验，以及参照国内外现有的成熟经验编制的，在"××施工组织设计"框架内对该工程的预制 PC 构件装配式住宅吊装工做一个系统、全面的阐述。

编制依据：

（1）《建筑结构可靠性设计统一标准》（GB 50068-2001）；

（2）《工程结构可靠性设计统一标准》（GB 50153-2008）；

（3）《桁架钢筋混凝土叠合板（60 mm 厚底板）》（15G366-1）；

（4）《桁架钢筋混凝土叠合板》技术条件；

（5）《装配式混凝土结构技术规程》（JGJ 1-2014）；

（6）《钢筋焊接网混凝土结构技术规程》（JGJ 114-2014）；

（7）《混凝土结构工程施工质量验收规范》（GB 50204-2015）；

（8）《建筑施工安全检查标准》（JGJ 59-2011）；

（9）《混凝土结构设计规范》（GB 50010-2010）；

（10）《混凝土结构工程施工规范》（GB 50666-2011）；

（11）××项目施工图。

3.3.2 项目概况

××项目位于××县。本工程包含的预制构件有：预制叠合板、预制楼梯。

3.3.3 塔吊布置

3.3.3.1 基本要求

（1）塔吊承台规格根据所选塔吊的说明书确定，基础应先选择塔吊型号后再进行计算。塔吊基础尽量综合考虑放置在非后浇带及便于吊装、安装加固位置。

（2）塔吊塔臂覆盖范围在总平面图中应尽量避免居民建筑物、高压线、变压器等，如有特殊情况应满足安全和规范要求。塔吊塔臂覆盖范围应尽量避开临时办公区、人员集中地带，如有特殊情况，应做好安全防护措施。

（3）根据《建筑机械使用安全技术规程》（JGJ 33-2001）第4.4.25条规定："当同一施工地点有两台以上塔机时，应保持两塔机间任何接近部位（包括吊重物）距离不得小于2 m"。

（4）塔吊所在位置必须满足临时道路吊装施工要求，应覆盖吊装区域内的模板堆放区、PC板吊装区等吊装区域。

（5）塔吊所在位置应满足塔吊拆除要求，即塔臂平行于建筑物外边缘之间净距离大于等于1.5 m；塔吊拆除时前后臂正下方不得有障碍物。

3.3.3.2 基本步骤

首先，计算该项目标准层所有预制构件的重量，单位转换为吨（t）。其次，根据该项目总平面图初步确定塔吊所在位置,观察该项目每栋楼标准层剪力墙、外墙窗洞所在位置,综合考虑塔吊最终位置并且考虑塔吊附墙长度是否符合规范要求,而且塔吊基础应在建筑以外。最后,根据塔吊位置标准节中心为半径,分别找出 20 m、25 m、30 m、35 m 等 5 m 一个梯段所在位置最重构件的位置,来确定塔吊型号及塔臂长,优先选择满足施工要求且较小的塔吊型号。

3.3.3.3 注意事项

(1) 收到拆板图后,需向设计人员确认该图纸上的构件重量是否已乘系数 1.1(该系数为工厂生产构件时可能产生的误差);若未乘,在考虑构件重量时需自行乘上该系数。

(2) 吊具的重量为 0.5 t 或者 1 t,在考虑起吊重量时,需在构件自重基础上加上吊装专用索具的重量。

(3) 当个别板在所选塔吊范围内无法吊起时,应先与 PC 设计人员沟通,询问能否拆板或减重,若不行再考虑更换塔吊型号。

(4) 当每一段塔臂范围所在位置内最重构件满足该梯段塔吊起吊重量时,即该塔吊位置满足吊装要求。

3.3.3.4 附墙布置

(1) 平面中塔吊附墙方向与标准节所形成的角度应分别 30°—60° 之间,附墙附着所在剪力墙的长度不得小于 500 mm。

(2) 附墙尽量打在剪力墙柱上,也可打在叠合梁上,但需要与设计院进行沟通。

(3) 附墙位置的确定需要与 PC 设计人员进行沟通,防止与钢筋、水电预埋等干涉。

(4) 当建筑所需起升高度未达到塔吊最大独立起升高度时,则无须布置附墙。

3.3.4 PC 构件的运输与临时置放（如图 3-13）

(1) PC 构件运输可选用 12 m 平板车,由 50 t 汽车吊吊至平板车上,车上应设有可靠的稳定构件措施。

(2) 在施工区主楼四周设置临时堆场,分别按构件规格、品种、吊装顺序堆放。

(3) PC 构件运输过程中,车辆启动应慢速,车速应匀,转弯错车时要减速慢行。

(4) 预制楼梯、预制阳台板、预制装饰柱均采用平放运输;预制楼梯可采用叠放方式,层与层之间应垫平、垫实,各层支垫应上下对齐,最下面一层支垫应通长设置,叠放层数不应大于 6 层。

(5) 为防止运输过程中墙板被损坏,PC 构件应设置在垫木上并与运输车可靠固定,

PC 与垫木接触部位还应设置橡胶垫，PC 构件之间因有预留钢筋的存在，构件叠放时在构件中间放置工字钢加小立方垫块，防止运输过程中损坏构件中的预留钢筋。

（6）临时堆场应设置在塔吊方便调运的地方，同时按构件规格、品种、吊装顺序堆放。

（7）为了方便吊装，必须在楼侧边靠近塔吊处设置构件临时堆放场地，并做好场地硬化，在堆放场地四周要设置排水沟，避免堆放场地积水，影响构件堆放及吊装。构件堆放场地要做好安全围挡，悬挂标识，非工作人员不得进入。

（8）堆放的支点位置同吊点，当无吊环时在距板端（L+120 mm）/5 的位置，板堆垛底下垂直叠合板长向紧靠吊环处应放通长垫木，板之间垫木应上下对齐、对正、垫平、垫实，不同板号应分别码放，不允许不同板号的板重叠堆放。薄板的叠堆高度不大于 6 层。

图 3-13　PC 构件的运输与临时置放

3.3.5 PC 构件检查

构件直接堆放必须在构件下设置垫木；预制构件运至现场后，由项目专职质量员检查预制构件是否符合要求。预制构件外观质量允许范围，以及预制构件成品尺寸允许偏差，见表 3-3 和表 3-4。

表 3-3　预制构件外观质量允许范围

名称	现象	一般缺陷	允许范围
露筋	构件内钢筋未被混凝土包裹而外露	有少量露筋	禁止露筋
蜂窝	混凝土表面缺少水泥砂浆而形成石子外露	有少量蜂窝	禁止蜂窝
孔洞	混凝土中孔穴深度和长度均超过保护层厚度	有少量孔洞	允许极少量孔洞
夹渣	混凝土中夹有杂物超过保护层厚度	有少量夹渣	禁止夹渣
疏松	混凝土中局部不密实	有少量疏松	允许极少量疏松
裂缝	缝隙从混凝土表面至混凝土内部	少量不影响结构性能或使用功能的裂缝	允许极少量不影响结构性能或使用功能的细微裂缝
连接部位缺陷	构件连接处混凝土缺陷及连接钢筋、连接松动	连接部位有基本不影响结构传力性能的缺陷	禁止
外形	内表面缺棱掉角、棱角不直、翘曲不平等	有不影响使用功能的外观缺陷	内表面缺陷基本不允许，要达到预制构件允许偏差，外表面仅允许极少量缺陷
外表	构件内表面麻面、掉皮、起砂、沾污等	有不影响使用功能的外表缺陷	外表面不允许任何外表缺陷，内表面允许少量沾污等不影响结构使用功能和结构尺寸的缺陷

表 3-4　预制构件成品尺寸允许偏差

检查项目	允许偏差	检查方式
板边长	±3 mm	尺量
板厚	±2 mm	尺量
对角线长度差	5 mm	尺量
弯曲	3 mm	尺量
洞口及预埋件位置	±5 mm	尺量
预埋件数量、种类、污损、变形		目测
翘曲	5 mm	尺量
面的凹凸	3 mm	尺量
破损	2 cm^2	尺量
裂缝	宽 0.1 mm 以下	尺量
气泡孔	直径 3 mm 以下	尺量
预埋吊环位置	5 mm	尺量
预埋吊环外露长度	±10，0 mm	尺量
插筋位置（12—25）	0—15 mm	尺量
插筋位置（32）	0—25 mm	尺量
插筋外露长度	±5 mm	尺量

3.3.6 现场吊装

3.3.6.1 吊装设备准备

吊具的选择如图 3-14。

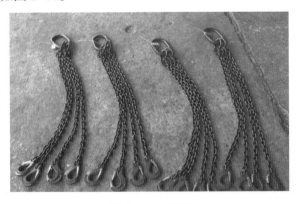

图 3-14　吊具

3.3.6.2 构件吊装

本工程设计，采用塔吊吊装，为防止单点起吊引起构件变形，索具挂钩与构件的夹角不得小于 60°。构件的起吊点应合理设置，保证构件能水平起吊，避免磕碰构件边角。构件起吊平稳后再匀速移动吊臂,靠近建筑物后由人工对中就位。

3.3.7 现场施工准备与交底

3.3.7.1 组织准备

(1)组织现场施工人员熟悉、审查图纸,对构件型号、尺寸、预埋件位置逐项检查,准备好各种施工记录表格。

(2)组织各施工人员学习各施工方案、安全方案、各工种配合协调方案。

(3)组织吊装工人进行安全教育、安全交底学习,使吊装工人熟悉墙板、楼板安装顺序、安全要求、吊具的使用和各种指挥信号。

3.3.7.2 技术准备

(1)根据图纸设计与预制构件生产厂家交底,要求按照图纸设计预留线盒、放线孔、泵管孔,以及预埋槽钢孔等。

(2)在施工现场设置预制板专用的堆场。

(3)对现场工人做好技术交底:由技术负责人对承担施工的工长及施工人员进行详细的交底,掌握施工的难点及重点。

(4)做好钢筋模板预验工作:钢筋绑扎完成后,对钢筋进行隐检验收工作;然后要对内架支撑体系进行预验,主要检查叠合板下内架顶撑是否符合标高,叠合板与现浇板接茬部位是否处理到位。

3.3.7.3 材料准备

(1)支撑体系:立杆采用普通钢管 $Ø48 \text{ mm} \times 3.5 \text{ mm}$ 满堂脚手架,顶部设可调顶撑,横肋采用 $5 \text{ cm} \times 10 \text{ cm}$ 木方。

(2)安装工具:水准仪、塔尺、水平尺、冲击钻、橡胶垫、专用吊钩、铁锤、撬棍、扳手、锚固螺栓等。

(3)人员准备。

① 管理人员:施工现场预制板安装主要施工员和安全员共同负责,并请预制板厂家派专业技术人员对现场安装进行技术指导。

② 作业人员:作业人员经预制板厂家相关技术人员培训后方可上岗。

③ 安排取得所在地住房和城乡建设厅颁发的塔吊指挥岗位证书的人员指挥塔吊。

3.3.7.4 技术交底

(1)按照三级技术交底程序要求逐级进行技术交底,特别是对不同技术工种的针对性交底,要切实加强和落实。

(2)重视设计交底工作。每次设计交底前,由项目技术负责人具体召集各相关岗位人员汇总、讨论图纸问题。设计交底时,切实解决疑难和有效落实现场碰到的图纸施工矛盾。

(3)切实加强与建设单位、设计单位、预制构件加工制作单位的联系,及时加强沟通与信息联系。

3.3.8 桁架钢筋混凝土叠合板施工

3.3.8.1 桁架钢筋混凝土叠合板临时堆放

(1)桁架钢筋混凝土叠合板临时堆放场地,应在吊车作业范围、场地应平整坚实且应满足构件码放要求。

(2)卸车时应认真检查吊具与叠合板预埋吊环是否扣牢,确认无误后方可缓慢起吊。

(3)桁架钢筋混凝土叠合板及装饰板应按型号、规格分别码垛堆放,每垛不宜超过8块。

(4)叠合板以4个或更多支点码放。最好用木方做垫块,保证板面不受破坏。

3.3.8.2 施工工艺及流程

叠合楼板施工工艺流程见图3-15。

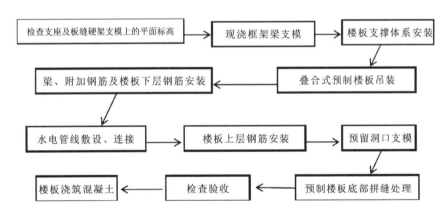

图 3-15 叠合楼板施工工艺流程

(1)检查支座及板缝硬架支模上的平面标高。

用测量仪器从两个不同的观测点上测量墙、梁及硬架支模的水平楞的顶面标高。复核墙板的轴线,并校正。

安装叠合板部位的墙体,在墙模板上安装墙顶标高定位方钢,宽度25 mm,浇筑混凝土前调整好标高位置,保证此部位混凝土的标高及平整度。对支撑板的墙或梁顶面标高进行认真检查,必要时进行修整,墙顶面超高部分必须凿去,过低的地方可依据坐浆标准填平;墙上留出的搭接钢筋不正不直时要进行修整,以免影响薄板就位。

(2)叠合板临时支撑体系安装。

临时支撑材料采用普通钢管 $\varnothing 4.8\ mm \times 3.5\ mm$ 可调顶撑,横肋木方采用 $5\ cm \times 10\ cm$ 木方。

底板就位前,应在跨中及紧贴支座部位均设置由柱和横撑等组成的临时支撑。当轴跨 $l \leqslant 4.0\ m$ 时跨中设置一道支承;当轴跨 $4.0\ m < l \leqslant 6.0\ m$ 时跨中设置两道支承。支撑顶面应严格抄平,以保证底板底面平整。多层建筑中各层支撑应设置在一条竖直线上,以免板受上层立柱的冲切。

临时支撑拆除应根据施工规范的规定,一般保持连续两层有支撑。施工均布荷载不应大于 $1.5\ kN/m^2$,荷载不均匀时单板范围内折算均布荷载不宜大于 $1\ kN/m^2$,否则应采取加强措施。施工中应防止构件受到冲击作用(以上施工均布荷载不包括均匀分布的叠合层混凝土自重)。

临时支撑要求如下:

① 立杆应尽量不用接头,如有接头,应相互错开;

② 支撑下部应有扫地杆,扫地杆距楼地面 $\leqslant 200\ mm$,并拉通;水平杆步距 $1500\ mm$;

③ 立杆顶端采用可调顶撑,以方便调节支撑标高;

④ 整个支撑体系应稳定、牢固;

(3)底板起重吊装。

起重机械 4 个吊装点吊装,底板吊装时应慢起慢落,并防止与其他物体相撞。吊索与构件水平夹角不宜小于 $60°$,不应小于 $45°$。

3.3.8.3 预制叠合板吊装

控制线:在模板顶面上画出标高控制线。

支模:搭设叠合板支撑及现浇带模板。

起吊:注意起吊时叠合板的水平度,叠合板的吊具很重要,需要有微调的功能。

就位:按照编号在设计位置就位。就位时,先找好叠合板的标高控制线,再缓缓下降吊装就位。

调整:基本就位后再用撬棍微调叠合板,直到位置正确,搁置平时。安装叠合板时,应特别注意标高正确。

3.3.8.4 安装要求

（1）叠合板吊具可采用吊装索具（超长的板采用过梁吊装），保证吊点同时受力、构件平稳。避免起吊过程中出现裂缝、扭曲等问题。

（2）塔吊缓缓将预制板吊起，待板的底边升至距地面500 mm时略作停顿，再次检查吊挂是否牢固，板面有无污染破损，若有问题必须立即处理。确认无误后，继续提升使之慢慢靠近安装作业面。

（3）叠合板要从上垂直向下安装。在作业层上空20 cm处略作停顿，施工人员手扶楼板调整方向，将板的边线与墙上的安放位置线对准，注意避免叠合板、阳台上的预留钢筋与墙体钢筋碰撞，放下时要停稳慢放，严禁快速猛放，以避免冲击力过大，造成板面震折裂缝。5级风以上时应停止吊装。

（4）调整板位置时，要垫以小木块，不要直接使用撬棍，以免损坏板边角；要保证搁置长度，其允许偏差不大于5 mm。

（5）楼板安装完后进行标高校核，调节板、阳台下的可调支撑。

3.3.8.5 板缝及叠合层部位施工

叠合层钢筋为双向单层钢筋。

绑扎钢筋前，清理干净叠合板上的杂物，根据钢筋间距准确绑扎，钢筋绑扎时穿入叠合楼板上的桁架，钢筋上铁的弯钩朝向要严格控制，不得平躺。双向板钢筋放置：当双向配筋的直径和间距相同时，短跨钢筋应放置在长跨钢筋之下；当双向配筋直径或间距不同时，配筋大的方向应放置在配筋小的方向之下，拼缝处钢筋严谨漏放、错放；浇筑混凝土时，下方需采用模板封堵。

3.3.9 预制楼梯施工方案

（1）节点简介。预制部分与梁连接，一端固定，一端滑动。预制梯段对应位置预留栏杆孔，楼梯栏杆与楼梯梯段采用浆锚连接。

（2）工艺流程。预制楼梯安装准备，弹出控制线并复核楼梯上下口基层处理铰座固定，楼梯就位、校正，楼梯起吊铰座灌浆，检查验收。

（3）安装准备。熟悉图纸，检查核对构件编号，确定安装位置，并对吊装顺序进行编号。

（4）根据施工图纸弹控制线，弹出楼梯安装控制线，对控制线及标高进行复核。楼梯侧面距结构墙体预留20 mm空隙（具体根据工程施工图进行预留），为后续初装的抹灰层预留空间；梯井之间根据楼梯栏杆安装要求预留空隙。

（5）基层处理。在吊装预制楼梯之前，将楼梯埋件处砂浆灰土等杂质清除干净，确保预制楼梯连接质量。在楼梯段上下口梯梁处铺 20 mm 厚 1∶1 水泥砂浆找平灰饼（强度等级 ≥ M15），找平层灰饼标高要控制准确。

（6）楼梯段吊装。预制楼梯板采用倾斜吊装，用螺栓将通用吊耳与楼梯板预埋吊装内螺母连接，调整好索具四爪长度；起吊前检查卸扣卡环，确认牢固后方可继续缓慢起吊。

（7）预制楼梯板就位。待楼梯板吊装至作业面上 500 mm 处略做停顿，根据楼梯板方向调整，就位时要求缓慢操作，严禁快速猛放，以免造成楼梯板震折损坏。如图 3-16 所示。

（8）楼梯段校对。楼梯板基本就位后，根据控制线，利用撬棍微调，校正。预留螺栓和预制楼梯端部的预留螺栓孔一定要确保居中对正。如图 3-17 所示。

（9）楼梯段安放。楼梯段校正完毕后，将梯段落平，预埋螺栓与楼梯预留孔校正后用专用灌浆料灌浆，预留孔口部砂浆封堵。

（10）缝隙处理（推荐）。预制楼梯预留孔灌浆固定后，在预制楼梯板与休息平台连接部位缝隙采用聚苯填充，缝隙最后用 PE 棒封堵并注胶密封。（图纸设计有要求时，按图纸要求施工。）

（11）预制楼梯板注意事项及成品保护。

① 预制楼梯板进场后，堆放不得超过 4 层，堆放时垫木必须垫在楼梯吊装点的下方。

② 在预制楼梯安装完成后，预制楼梯采用多层板钉成整体踏台阶形状，保护踏步面不被损坏；并且将楼梯两侧用多层板固定保护。

图 3-16 预制楼梯板吊装

3.3.10 就位示例

图 3-17 就位示例

3.3.11 注浆工艺

3.3.11.1 注浆质量要求

　　要求每个孔都必须注满,有浆料从溢浆孔连续流出(且无气泡)视为该套筒注浆注满;且在注浆过程中,配合比应符合使用说明书的要求,以及《装配式混凝土结构技术规程》中连接材料流动度的规范要求。

3.3.11.2 作业准备

　　(1)应对每个作业人员进行技术交底,使之明白注浆的重要性。

　　(2)材料、机具:砂浆搅拌机、注浆机、手动注浆器、注浆料搅拌桶、电子秤、量杯、注浆料搅拌枪、流动度测试仪、流动度测试平板、手锤、铁錾,如图 3-18。

图 3-18 注浆工具

　　(3)注浆时采用人工压力注浆,注浆料由注浆孔注入,由溢浆孔出浆视为该孔注浆完成。

　　(4)注浆范围:预制楼梯。

　　(5)注浆工序:清理接触面→铺坐浆料→安放楼梯→调整并固定楼梯→拌制注浆料→进行注浆→进行个别补注→进行封堵→完成注浆。

3.3.11.3 注浆步骤

　　(1)清理楼梯接触面:楼梯下落前,应保持混凝土接触面无灰渣、无油污、无杂物。清理场地并提前洒水湿润,安装时不得有积水,并检查地面露出钢筋的位置及高度是否合格。

(2)拌制注浆料。

① 准备好材料和工具:已称重的灌浆干料、拌和用水、浆料搅拌容器、流动度测试工具、称重设备、灌浆料搅拌工具、坐浆料砂浆搅拌机、橡胶堵头、注浆机、注浆用胶枪等。

② 计量:根据材料配合比要求,注浆料掺水为注浆料重量的13%-14%。

③ 搅拌:先向桶内加入拌和用水量80%的水,即2.6 kg水,然后逐渐向桶内加入灌浆料,开动搅拌机搅拌3—4 min,至浆料黏稠无颗粒。加入剩余20%的水,即0.65 kg水搅拌1 min,搅拌完成后应静置1—2 min,待气泡排除后进行浆料流动度测试、浆料温度测试并做记录。要求注浆料流动度大于300 mm,30 min流动度大于260 mm为合格。搅拌的同时,留置标养试块。

(3)灌浆:在坐浆料终凝后即可灌浆操作。

① 在灌浆用胶枪内衬入一个塑料袋,把搅拌合格的浆料倒入塑料袋,盖上枪嘴并拧紧。

② 把枪嘴对准套筒下部的胶管,连续扣动胶枪注入灌浆量,直至溢浆孔连续出浆时停枪。注浆料由上部溢浆孔有浆料连续溢出且无气泡时,视为该孔注浆完成。

③ 用橡胶塞封堵溢浆孔,并保证封堵不会漏气。

④ 每个注浆孔有浆料溢出时,应立即拔出胶枪嘴,用橡胶塞进行封堵灌浆孔,并应观察确保不漏浆。

⑤ 灌浆完成并及时清理干净现场。进行个别补注:当已完成注浆墙体30 min后进行检查上部注浆孔是否因为注浆料的收缩、堵塞不及时、漏浆造成的个别孔洞不密实情况。用手动注浆器进行对该孔的补注。

⑥ 进行封堵:注浆完成后,由旁站监理进行检查。合格后,进行注浆孔的封堵,封堵要求平整。

3.3.11.4 材料搅拌要求

到达现场后按批检验,以每层为一检验批;每工作班组应制作一组且每层不应少于三组40 mm×40 mm×160 mm的长方体试件,标准养护28 d进行取样送检。

灌浆料适用的温度为5C°—30 C°间,在该温度区域内,灌浆料应在搅拌完30 min内使用完毕。若施工场地气温高于30 ℃时,需将20%的拌和用水置换成同等重量的冰块;低于5℃时应立即停止注浆工作,以免影响强度。

3.3.12　安全事项

（1）严格遵守并执行建筑施工的各项安全规定。

（2）每周组织成员进行一次安全法规，标准的学习，并根据承担的施工任务进行确保施工安全的研讨，针对工作面存在的安全隐患提出防范措施。

（3）吊装作业派专人统一指挥，人员分工要明确。

（4）吊装作业前，必须严格检查起重设备各部件的可靠性和安全性，并进行试吊。

（5）各种起重机具不得超负荷使用，并派专人负责检查钢丝绳。

（6）作业中遇有停电或其他特殊情况，应将重物落至地面，不得悬在空中。

（7）作业地面坚实平整，支脚必须支垫牢靠，回转半径内不得有障碍物。

（8）吊起重物时，应先将重物吊离地面 20 cm 左右，停机检查制动器灵敏性和可靠性，以及重物绑扎的牢靠程度。确认情况正常后，方可继续工作。作业中不得悬吊重物。

（9）起升或降下重物时，速度要均匀、平稳，保持机身的稳定，防止重心倾斜。严禁起吊的重物自由下落。

每个工艺环节操作时一定要保证安全。凡带电的设备，严格按电器通用要求和设备使用说明要求进行操作、管理。操作人员要接受安全培训，并接受工厂和现场的安全监督管理。

3.3.13　质量保证措施

（1）施工操作中，要坚持自检、互检、交接检制度。对工程必须本着自我控制的指导思想，所有工序要坚持样板制，有隐预检要求的还必须坚持隐预检制。要牢固树立"上道工序为下道工序服务"和"下道工序就是用户"的思想，坚持做到不合格的工序不交工。要按已明确的质量责任制检查操作者的落实情况，各工序实行操作者挂牌制，参加操作者要自觉提高自我控制施工质量的意识，做到操作任务明确、质量责任清楚。

（2）在整个施工操作过程中，要贯穿工前有交底、工中有检查、工后有验收的"一条龙"操作管理方法。做到施工操作程序化、标准化、规范化，确保工程质量。

（3）施工中，根据施工图纸、施工方案和施工措施等进行安装工作；合理安排人力设备和物力资源，恰当组织施工。

（4）落实质量责任制，实行质量三检（自检，复检，终检）制度。

（5）预制梁吊装就位时，应把梁扶稳之后，起重设备再进行旋转和提升。

（6）预制梁吊装就位时，应有专人进行对线测量，确保预制梁安装位置准确无误。

3.3.14 环保事项

使用操作本产品时,产生的废弃物要按要求处理回收。现场剩余、遗撒和泄漏的干料或浆料要随时收集处理干净。

3.3.15 应急处理

(1)施工过程中,施工现场发生无法预料的需要紧急抢救处理的危险时,应迅速逐级上报,次序为现场、项目部。由项目部质安部收集、记录、整理紧急情况信息并向领导小组及时传递,由领导小组组长或副组长主持紧急情况处理会议,协调、派遣和统一指挥所有车辆、设备、人员、物资等实施紧急抢救和向上级汇报。事故处理根据事故大小情况来确定,如果事故特别小,根据上级指示可由施工单位自行直接进行处理;如果事故较大或施工单位处理不了的,则向建设单位主管部门或其他上级政府部门进行请示。

(2)紧急情况发生后,现场要做好警戒和疏散工作,保护现场,及时抢救伤员和财产,并由在现场的项目部最高级别负责人指挥,在 3 min 内电话通报到值班人员,主要说明紧急情况的性质、发生地点、发生时间、有无伤亡,是否需要派救护车、消防车或警力支援到现场实施抢救,如有需要可直接拨打 120,110 等求救电话。

(3)值班人员在接到紧急情况报告后,必须在 2 min 内将情况报告到紧急情况领导小组组长和副组长。小组组长组织讨论后,在最短的时间内发出如何进行现场处置的指令,分派人员及车辆等在现场进行抢救、警戒、疏散和保护现场等。

(4)遇到紧急情况,全体职工应特事特办、急事急办,主动积极地投身到紧急情况的处理中去。各种设备、车辆、器材、物资等应统一调遣,各类人员必须坚决无条件服从领导小组组长或副组长的命令和安排,不得拖延、推诿、阻碍紧急情况的处理。

课后习题

1.简述装配式混凝土结构建筑技术体系的内容。

2.简述装配整体式混凝土框架结构体系的内容。

3.装配整体式混凝土框架结构连接形式有哪几种?

4.简述装配式剪力墙结构体系分类的情况。

5. 预制剪力墙之间的拼缝连接有哪几种?

6. 简述装配整体式混凝土剪力墙结构技术特点。

7. 简述装配整体式混凝土剪力墙结构的概念。

8. 简述装配整体式混凝土框架 – 现浇剪力墙结构体系。

9. 简述装配整体式混凝土框架 – 现浇核心筒结构体系。

10. 举例说明装配式混凝土结构建筑设计标准与规范。

11. 举例说明装配式混凝土结构建筑施工验收标准与规范。

第4章 装配式钢结构建筑

4.1 装配式钢结构建筑技术体系

装配式钢结构建筑主要承重构件,由型钢和钢板等钢材,通过焊接、螺栓连接或铆接而制成。由于其自重较轻且施工简便,因此广泛应用于工业建筑、公共建筑、商业建筑和住宅建筑等领域。装配式钢结构建筑的常见结构形式种类繁多,主要有多高层钢结构(图4-1)、门式钢架结构(图4-2)、空间桁架结构(图4-3)、网架结构(图4-4)、张弦梁结构(图4-5)、膜结构(图4-6),以及弦支穹顶结构(图4-7)等。装配式钢结构建筑技术体系一般包括结构体系、围护体系、内装体系及设备管线体系,其中,围护体系又分为外墙、内隔墙及楼板结构等。本部分主要介绍结构体系和围护体系。

图4-1 多高层钢结构

图 4-2　门式钢架结构

图 4-3　空间桁架结构

图 4-4　网架结构

图 4-5　张弦梁结构

图 4-6　膜结构

图 4-7　弦支穹顶结构

4.1.1 装配式钢结构建筑结构体系

装配式钢结构建筑种类繁多，结构体系特点也相差较大。下面主要以多高层钢结构为例，介绍其结构体系特点。多高层钢结构建筑常见的结构体系，主要包括钢框架结构体系、钢框架－支撑结构体系、钢框架剪力墙结构体系、钢框架核心筒结构体系，以及交错桁架结构体系等。不同的结构体系有不同的适用范围，虽然有些结构体系应用范围较广，但通常会受到经济等因素的限制。

4.1.1.1 钢框架结构体系

钢框架结构体系是指沿房屋的纵向和横向用钢梁和钢柱组成的框架结构来作为承重和抵抗侧力的结构体系，如图4-8所示。钢框架结构体系受力特点，与混凝土框架结构体系相同，竖向承载体系与水平承载体系均由框架组成。其优点是能够提供较大的内部空间，建筑平面布置灵活，适用多种类型的使用能力；自重轻，抗震性能好，施工速度快，机械化程度高；结构简单，构件易于实现标准化和定型化。其缺点是用钢量稍大，耐火性差，后期维修费用高，造价要略高于混凝土框架结构。

图 4-8　钢框架结构体系

4.1.1.2 钢框架－支撑结构体系

在钢框架结构体系中，设置支撑构件以加强结构的抗侧移刚度，形成钢框架支撑结构体系。支撑形式分为中心支撑和偏心支撑。如图4-9，中心支撑根据斜杆的布置形式可分为十字交叉（或双向，a）斜杆、单向斜杆（b）、人字形斜杆（c）、K形斜杆（d）体系。钢框架－

支撑结构体系,由于较好地协调了框架和支撑的受力性能,具有良好的抗震性能和较大的抗侧刚度,在高层钢结构建筑中较为常用。与钢框架结构体系相比,框架-中心支撑体系在弹性变形阶段具有较大的刚度,但在水平地震作用下,中心支撑容易产生侧向屈曲;框架-偏心支撑体系中每一根支撑斜杆的两端,至少有一端与梁相交(不在柱节点处),另一端可在梁与柱交点处进行连接或偏离另一根支撑斜杆一段长度与梁连接,并在支撑斜杆杆端与柱子之间构成一耗能梁段或在两根支撑斜杆的杆端之间构成一耗能梁段(图4-10)。

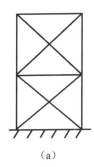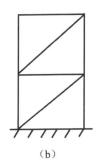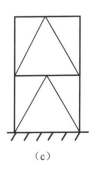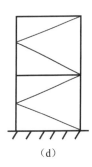

(a)　　　　　　　(b)　　　　　　　(c)　　　　　　　(d)

图 4-9　钢框架-中心支撑结构体系

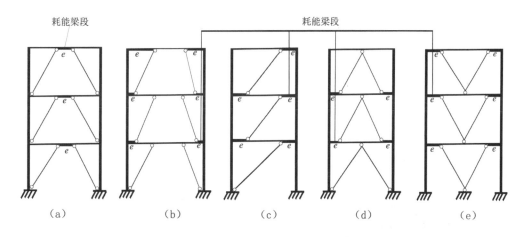

(a)　　　　　(b)　　　　　(c)　　　　　(d)　　　　　(e)

图 4-10　钢框架-偏心支撑体系

4.1.1.3 钢框架-剪力墙结构体系

钢框架剪力墙结构基本的组成构件为钢柱、钢梁、剪力墙、混凝土板等,一般情况下,楼板采用叠合楼板。(图4-11)钢框架-剪力墙结构体系可细分为钢框架-混凝土剪力墙结构体系、钢框架带竖缝混凝土剪力墙结构体系、钢框架钢板剪力墙结构体系及钢框架带缝钢板剪力墙结构体系。钢框架混凝土剪力墙结构体系常在楼梯间或其他适当部位(如分户墙),采用现浇钢筋混凝土剪力墙作为结构主要抗侧力体系,由于钢筋混凝土剪力墙抗侧移刚度较强，可以减少钢柱的截面尺寸，降低用钢量，并能够在一定程度上解决钢结构建筑室内空间的露梁露柱问题。其优点是钢材的强度高、重量轻、施工速度快和混凝土的抗压强度高、防火性能好及抗侧刚度大。其缺点是现场安装比较困难，制作比较复杂。

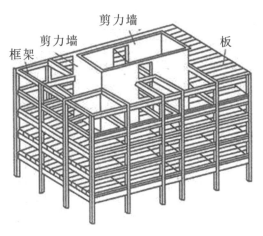

图 4-11　钢框架-混凝土结构体系

4.1.1.4 钢框架-核心筒结构体系

钢框架-核心筒结构体系是由外侧的钢框架和混凝土核心筒构成。钢框架与核心筒之间的跨度一般为 8—12 m，并采用两端铰接的钢梁，或一端与钢框架柱刚接相连，另一端与核心筒铰接相连的钢梁。核心筒的内部应尽可能布置电梯间、楼梯间等公共设施用房，以扩大核心筒的平面尺寸，减小核心筒的高宽比，增大核心筒的侧向刚度。其主要优点是侧向刚度大于钢框架结构，结构造价介于钢结构和钢筋混凝土结构之间，施工速度比钢筋混凝土结构有所加快，如图 4-12 所示。

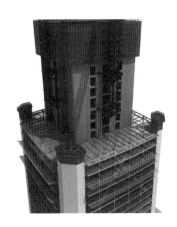

图 4-12　钢框架-核心筒结构体系

4.1.1.5 交错桁架结构体系

交错桁架结构体系的基本组成构件包括柱、钢桁架和楼面板等,主要适用于15—20层住宅,如图4-13所示。交错桁架结构体系是由高度为层高、跨度为建筑全宽的桁架,两端支承在房屋外围纵列钢柱上,所组成的框架承重结构不设中间柱,在房屋横向的每列柱的轴线上,这些桁架每隔一层设置一个,而在相邻柱轴线则交错布置。在相邻桁架间,楼板的一端支承在相邻桁架的下弦杆上。垂直荷载由楼板传到桁架的上下弦,再传到外围的柱子。该体系利用柱子、平面桁架和楼面板组成空间抗侧力体系,具有住宅布置灵活、楼板跨度小、结构自重轻等优点。

图 4-13 交错桁架结构体系

4.1.2 装配式钢结构建筑围护体系

围护结构是指构成建筑空间、抵御环境不利影响的构件(也包括某些配件)。根据在建筑物中的位置,围护结构分为外围护结构和内围护结构。外围护结构包括外墙、屋顶、外窗、外门等,用以抵御风雨、温度变化、太阳辐射等,应具有保温、隔热、隔声、防水、防潮、耐火、耐久等性能。内围护结构如隔墙、楼板和内门窗等,起分隔室内空间的作用,应具有隔声、隔视线,以及某些特殊要求的性能。围护结构通常是指外墙、内墙、楼板和屋面板等围护结构。

4.1.2.1 围护墙体

为了减轻结构自重,充分发挥钢结构的优势,围护墙体宜采用轻质复合材料制作。预制混凝土外围护墙板是指预制商品混凝土外墙构件,预制混凝土叠合(夹心)墙板、预制混凝土夹心保温外墙板和预制混凝土外墙挂板。预制混凝土外围护墙板采用工厂化生产、现场进行安装的施工方法，具有施工周期短、质量可靠（对防止裂缝、渗漏等质量通病十分有效）、节能环保（耗材少，减少扬尘和噪声等）、工业化程度高及劳动力投入量少等优点，在国内外的住宅建筑上得到了广泛运用。根据制作结构不同，预制外墙结构常采用预制混凝土夹心保温外墙板和预制混凝土外墙挂板，如图 4-14 所示。

图 4-14　预制混凝土外墙板

　　预制内隔墙板按成型方式分为挤压成型墙板和立（或平）模浇筑成型墙板两种，如图 4-15 所示。挤压成型墙板，也称预制条形内墙板，是在预制工厂使用挤压成型机将轻质材料搅拌均匀的料浆，通过进入模板（模腔）成型的墙板；立（或平）模浇筑成型墙板，也称预制混凝土整体内墙板，是在预制车间按照所需样式使用钢模具拼接成型，浇筑或摊铺混凝土制成的墙体。根据受力不同，内墙板使用单种材料或者多种材料加工而成。用聚苯乙烯泡沫板材、聚氨酯泡沫塑料、无机墙体保温隔热材料等轻质材料填充到墙体之中，可以减少混凝土用量，绿色环保，减少室内热量与外界的交换，增强墙体的隔音效果。墙体自重减轻又降低了运输和吊装的成本。

图 4-15　预制内墙隔板

4.1.2.2 楼板和屋面板

钢结构建筑常采用力学性能较好的轻质现浇、半现浇楼板和屋面板。目前，国内钢结构住宅基本采用各类压型钢板组合楼板、钢筋桁架楼承板、混凝土叠合楼板等。同时也在开发新型全预制楼板和屋面板，以提高楼板和屋面板的受力、耐火性能及施工的便捷性。如图 4-16、图 4-17 所示。

图 4-16　桁架钢筋混凝土叠合板

图 4-17　PK 预应力混凝土叠合板

4.2 装配式钢结构建筑主要标准与规范

近年来，我国钢结构工程建筑与应用技术发展迅猛，极大地促进了钢结构技术标准化工作的推进。据不完全统计，现有与钢结构设计、制造、施工等相关的国家及行业标准、技术规范、规程等近 150 项。相关钢结构标准规范基本齐备，基本可以满足现有工程需求。但现有标准、规范仍然需要结合技术进步和各地特点进行不断完善、补充及修订。结合国外的发展现状及趋势，钢结构产品标准化、通用化已成为主流，这也必将成为我国钢结构行业技术和标准的发展趋势。

4.2.1 装配式钢结构建筑设计标准与规范

目前，与装配式钢结构建筑相关的部分现行设计标准与规范技术标准或技术规范中既有设计部分内容，又有施工或验收部分内容。《中华人民共和国国家标准：钢结构设计规范（GB 50017—2003）》内容包括：总则，术语和符号，基本设计规定，受弯构件的计算，轴心受力构件和拉弯、压弯构件的计算，疲劳计算，连接计算，构造要求，塑性设计，钢管结构，钢与混凝土组合梁十一部分。

钢结构建筑设计规范参考资料信息：在钢结构工程在设计中，要做到技术先进、经济合理、安全适用并确保质量，必须正确地选用并遵守下列相应的技术规范、规程与标准。

（1）GB 50068—2001《建筑结构可靠度设计统一标准》，规定了各种建筑结构设计应采用的理论及设计原则，是制订各类建筑设计规范所遵循的基本依据。

（2）GBJ 9—87《建筑结构荷载规范》规定了各类常用荷载的取值标准与方法，但对特殊用途的建筑物及构筑物应参考相应的专门行业标准取值。

（3）GB 50011—2010《建筑抗震设计规范》为设计地震区建筑物时应遵循的规范。由于该规范对钢结构建筑设计的规定尚不足，设计时应参考其他专业抗震设计规程（如冶金建筑抗震设计规程等）进行。

（4）GBJ 17—88《钢结构设计规范》为进行型钢、钢板等常用截面钢构件设计时应遵循的基本规范。

（5）GBJ 18—87《冷弯薄壁型钢结构技术规范》与YBJ 216—88《压型金属板设计施工规程》分别为设计薄板冷弯成型的冷弯薄壁型钢及压型金属。

（6）钢结构构件间的连接设计与施工应遵循JGJ 81—91《建筑钢结构焊接与验收规程》及JG J82—91《钢结构高强度螺栓连接的设计、施工及验收规程》的规定。

（7）当设计钢管混凝土结构或钢－混凝土组合楼盖时，应遵循CECS 8：90《钢管混凝土结构设计与施工规程》及YB 9238—92《钢－混凝土组合楼盖设计与施工规程》的专门规定。

（8）钢结构工程设计时，应了解有关钢结构施工验收的相应要求，即GB 50205—95《钢结构工程施工与验收规范》及GB 50221—95《钢结构工程质量检验评定标准》中有关质量检验、尺寸公差标准要求。

（9）钢结构工程设计时，在符号、基本术语等方面应遵循GBJ 132—90《工程结构设计基本术语和通用符号》的规定。

4.2.2 装配式钢结构建筑施工验收标准与规范

目前，与装配式钢结构建筑相关的部分现行施工验收标准与规范，如表4-1所示。

表4-1 装配式钢结构建筑施工验收标准与规范

序号	标准/规范名称	标准/规范编号
1	钢结构工程施工质量验收规范	GB 50205—2001
2	混凝土钢管叠合柱结构技术规程	CECS 188—2005
3	建筑用钢结构防腐涂料	CJ/T 224—2007
4	铸钢节点应用技术规程	CECS 735—2003
5	轻型钢结构住宅技术规程	JGI 209—2010

序号	标准 / 规范名称	标准 / 规范编号
6	钢结构焊接规范	GB 50611—2011
7	钢结构高强度螺栓连接技术规程	JGJ 82—2011
8	钢结构高强度螺栓连接技术规程	JGJ/T 251—2011
9	钢结构工程施工规范	GB 50755—2012
10	钢管混凝土结构技术规程	CECS 28—2012
11	建筑工程施工质量验收统一标准	GB 50300—2013
12	高层民用建筑钢结构技术规程	JGJ 99—2015
13	门式刚架轻型房屋钢结构技术规范	GB 51022—2015
14	门式刚架轻型房屋钢构件	JG/T 144—2016

4.3 装配式钢结构建筑典型案例

4.3.1 项目概况

××市××城保障性住房项目由××建工集团第五建筑工程有限责任公司承建，为 EPC 设计 + 施工总承包模式。项目位于××路××城公交站旁。如图 4-18 所示：

图 4-18　某城保障性住房项目

整个项目为 10 栋 6—23 层单体工程，1—5 栋为经济适用房，6—10 栋为公租房，地下室 1—2 层；总建筑面积约 13.7 万 m^2，其中地下室 3.8 万 m^2、地上 9.9 万 m^2；主体结构采用扁钢管混凝土柱框架 - 支撑结构体系；楼盖采用钢 - 混凝土组合楼盖；内、外墙为硅镁轻质隔墙板；飘窗、卫生间沉箱为 PC 预制构件，钢结构总用钢量约 1 万吨。项目采用多项自主研发的新技术、新工艺。

4.3.2 工程特点

4.3.2.1 扁钢管混凝土柱框架－支撑结构体系

将钢柱、钢梁全隐藏于墙体内。从外表看,钢结构建筑与普通建筑无二,如图 4-19。

图 4-19 钢框架结构

4.3.2.2 钢管柱施工工艺、梁柱节点

新型栓焊混合连接节点在钢柱对接节点上,工程采用了新式夹具固定塞焊安装法。这一施工方法的优点是施工现场不再需要硬性支撑及缆风绳,同时在梁柱节点上采用新型栓焊混合连接节点。梁柱节点采用新型栓焊混合连接节点,特点是节点不需设置柱内横隔板,制作简单,柱内混凝土浇灌更方便,施工速度快。钢结构建筑面临的一大关键考验就是防锈。为此工程严格把控除锈环节和梁柱防锈涂装质量,采用覆层测厚仪对梁柱防锈涂层进行严格控制,有效解决了钢结构建筑面临的这一关键难题。

4.3.2.3 装配式钢筋桁架楼承板安装工艺

在安装前,设计人员首先通过 Tekla 三维建模软件进行预铺装,利用预铺装对材料用量、预制要求、边模节点处理等提前掌握。之后根据楼承板铺设位置完成边模铺设、焊接角钢、绘制定位线、灌浆浇筑等步骤。值得一提的是,项目所用钢筋桁架楼承板是在公司装配式钢结构加工基地完成组装后运至施工现场吊运安装的。为此金属结构分公司引进首条钢筋桁架生产线,以高效率、自动化的钢筋桁架生产线替代了以往施工现场低效率、耗人力的钢筋绑扎作业。

4.3.2.4 内外墙体施工工艺

内外墙采用硅镁加气混凝土条形板。其优点是：高强，轻质，保温隔热，隔音，安装便捷，砌筑功效高，墙面平整美观，防火性能好，属环保材料。

4.3.2.5 飘窗、卫生间底板、预制楼梯、预制叠合板 PC 构件

特点：通过设计融合 PC 构件，降低浇筑量和措施费、提高装配率和施工速度，且 PC 平整度、光洁度、外形尺寸等更优良。

第 5 章 预制构件生产

5.1 装配式混凝土结构构件生产

5.1.1 标准制作流程

预制混凝土构件制作生产主要分 3 个阶段进行，详见以下各阶段作业流程，如图 5-1 所示。作业流程中的重点检查要点，分别是前制流程中的钢模检查、生产流程中的浇筑前检查、后制流程中的试体脱模强度试验及入库前检查等四项。制作生产过程中，各阶段作业流程和各工序施工全过程均接受业主、监理、设计及上级主管部门的检查和监督，并按现行施工质量验收规范要求实施抽检试验工作。

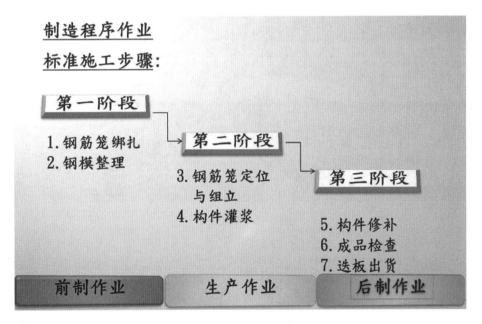

图 5-1 各阶段作业流程

5.1.2 钢筋的加工制作和安装

5.1.2.1 钢筋的加工制作（图 5-2）

（1）钢筋进场卸货前，检查出厂合格证、检测报告、钢筋标志牌、钢筋上的标志，钢筋外观质量。所标注的供应商名称、牌号、炉号（批号）、型号、规格、重量等应保持一致。

（2）建立钢筋送检台账，台账内容要反映钢筋规格、型号、等级、批号、批量、使用部位、进场时间、检验时间、检验情况等。

（3）钢筋加工前必须熟悉图纸，严格按施工图纸要求进行抽料和加工制作。

（4）钢筋加工制成后，由专人及时进行验收、整理，按构件和部位分类堆放，并做好挂牌标志。绑扎前必须对钢筋的型号、直径、形状、尺寸和数量进行检查，如有错漏应及时给予纠正增补。

图 5-2　钢筋制作

5.1.2.2 钢筋的安装

（1）钢筋的安装过程是先模具外绑扎，绑扎完成后吊装到模具上。

（2）钢筋绑扎需在混凝土平板面上进行，绑扎梁、柱、墙、板等构件的钢筋骨架前，要先按设计图纸要求对各规格构件的截面尺寸，钢筋规格、间距，预埋件的位置等进行准确放样和弹出墨线，然后进行钢筋绑扎。

（3）绑扎钢筋过程中，需对钢筋的规格、间距、位置、连接方式及保护层厚度等进行核对，要求准确无误，钢筋分布要求均匀排列。

（4）梁板钢筋绑扎时必须严格控制高度，严禁超厚，各构件的钢筋宜使用通长钢筋，加长钢筋需按设计要求进行连接加长。

（5）梁钢筋一排筋与二排筋采用分隔筋隔开，分隔筋直径≥主筋直径或25 mm；分隔筋距支座边500 mm设置一道，中间每隔3 m设置一道。

（6）各种构件的水平筋或箍筋与每根主筋相交节点位置均需绑扎牢固，不得出现"隔一绑一"的跳绑形式。

（7）钢筋绑扎完成经验收合格后用吊具吊进模具内，每个构件的钢筋骨架需设置两个（或四个）平衡吊点，钢筋骨架内的吊点主要是加设钢构件作为吊点的吊具，不准直接用钢筋骨架体作为吊点使用。吊放时确实控制吊点力量的平衡，勿使钢筋笼变形。

（8）钢筋吊装过程需先进行试吊，吊离地面800 mm高度，停顿约20 s，确保钢筋架体平衡、平稳和稳固可靠，然后方可进行吊装入模。

（9）钢筋架体入模时要有人进行扶正，确保位置正确后方下吊。

（10）为保证钢筋保护层厚度，需设垫块。不同的梁、板、墙、柱钢筋需按不同的垫块设置，以保证保护层厚度符合设计和规范要求。钢筋垫块主要采用预制成品垫块，为了防止钢筋骨架移位，适当地在钢筋骨架上增加钢筋段焊接顶到位模具；梁、柱钢筋按每500 mm布置2个放置在角筋位置；墙、板按纵、横800 mm×800 mm间距设置垫块；梁底部每500 mm布置2个放置在角筋位置。

（11）钢筋骨架安装完成后，采用吸尘器将梁底清理干净后沉梁。

（12）钢筋绑扎网和骨架的允许偏差见表5-1。

表5-1 钢筋绑扎网和骨架的允许偏差表

项　　目	允许偏差（mm）
网的长、宽	±10
网眼尺寸	±20
骨架的宽与高	±10
骨架的长	±20
箍筋间距	±10
受力钢筋间距	±10

（13）钢筋绑扎完毕，砼浇筑前，要做好隐蔽工程验收工作。每道工序验收需报验给建设单位或监理单位驻场代表验收，签认后方可进行下一工序施工。

5.1.2.3 预埋件安装或预留

预埋件安装或预留如图 5-3 所示。

（1）钢板、套管、套筒等预埋件安装，宜等钢筋安装在模具上，然后再安装预埋件，预埋件安装前需先放好线位，用加设钢筋点焊固定，然后上、下、左、右、前、后用钢筋点焊固定顶在模具上，防止混凝土浇筑时预埋件移位。

（2）埋设铁件位置误差不得超过 ±2 mm，每次要确认检查无误。

（3）放置埋设铁件于型模内时，应尽量避免剪断其附近钢筋。如确实必须剪断才能置入时，应事先提出其剪断部分的加强筋配置。

（4）埋设铁件的焊道应确实检查是否符合电焊标准，不得有焊道厚度不足（须备量测器角规证实焊道尺寸足够），下陷、气孔或留有焊渣之现象。

（5）预埋螺栓（或螺杆孔洞）主要是脱模、搬运、支撑孔及将来工地垂直吊装之用，应予以每片检查其螺丝部分预留之螺纹深度是否足够（依设计图），预制厂监工人员应予每片检查表内确认本项之要求。

图 5-3　叠合板钢筋底板绑扎

5.1.3 混凝土浇筑作业

5.1.3.1 混凝土浇筑

（1）钢模块合完毕后，对表面材料、钢筋、铁件各部尺寸做总检查，并作记录，一切无误后，方可浇筑。

（2）混凝土浇筑（如图5-4所示）：混凝土浇筑依一般现浇作业的要求，捣筑的震动机转速在8000—12000 rpm之间，浇筑时须随时注意消除气孔，震动棒操作时维持在饰材5 cm以上，以免因振动而移动饰材或导致饰材破裂。浇筑时应特别注意预埋铁件、铝窗之外围及边线角隅处均需充分振动密实，但应防止钢筋、预埋铁件的移动。

（3）混凝土表面粉光：混凝土浇筑后，在混凝土表面约略整平后，即可施作表面粉刷，工具采用铁镘刀和木镘刀并用，表面粉成光平表面或粗糙面，依设计实际需求决定施工形式。

图5-4　混凝土浇筑

5.1.3.2 混凝土养护

混凝土养护，如图5-5所示。

（1）构件浇筑完成约9小时后，采用淋水自然养护方式对预制构件进行养护，连续养护时间不少于7天。

（2）养护时间以能使脱模强度超过15 MPa为准。

（3）异形墙板（如内凹窗台板、转角板）有一部分混凝土，因钢模无法提供加热设备时须搭配覆盖养生。

（4）脱模时，构件与室外气温差不得超过 20℃，并不得对构件施以任何方式的强制冷却。

图 5-5　混凝土养护

5.1.4 混凝土脱模及存放

5.1.4.1 脱模作业

（1）各种构件混凝土脱模时间，根据构件的使用部位、受力类型、构件的尺寸、构件的跨度、混凝土的强度、气候、温度等技术参数综合确定。对梁、板、墙、柱的侧模拆模时，宜在 18—24 小时进行，对梁、板底模宜在 13—16 天内进行拆除，对柱、墙底部支撑模宜在 13—16 天内进行拆除。

（2）图纸未特别说明脱模强度时，侧模以 15 MPa 为脱模强度标准。

（3）混凝土脱模的判定应制作混凝土参考方块试体，于脱模前测定混凝土强度是否足够。

（4）为防止构件受无谓之外力，应使用适当的工具拆模以免龟裂受损。

（5）脱模后，应将预埋螺栓之外露部分及时做防锈处理或是涂敷黄油于螺栓孔内以防生锈。

（6）拆模后应立即清理模板面上的渣物，钢模内外整体均应随时保持干净，不得有混凝土渣在其上。

（7）脱模的构件应依照品管计划检查实施。

5.1.4.2 构件整理作业

构件于脱模后入库前，须依据公司标准书构件检验规范进行检查。未能符合规范要求者，须经过修补作业达到入库标准后，才可办理入库储存。混凝土缺陷修补处理方法有以下几种。

（1）蜂窝处理。

构件脱模后发现混凝土表面有蜂窝产生，若混凝土面蜂窝面积 <100 mm^2，则先敲除蜂窝部位，然后以无收缩水泥予以补平；若混凝土面蜂窝面积 >100 mm^2，须先提出异常矫正，并由设计单位判定后续处理对策。

（2）裂缝处理。

构件脱模后发现混凝土表面有裂缝产生，若裂缝宽度 <1 mm 或长度 <300 mm 时，先清理裂缝内杂质，然后施打裂缝修补剂予以填平；若裂缝宽度 >1 mm 且长度 >300 mm，则须提出异常矫正，并由设计单位判定后续处理对策。

（3）气泡处理。

构件脱模后发现混凝土表面出现气泡直径 >5 mm 者，须将构件表面湿润后，使用海绵灰刀搭配粉光材，以反复绕圈方式将气泡部位予以粉平。

5.1.4.3 构件储存堆置作业

（1）产品储存：生产完成的构件经检核后，吊至储存场堆放储存。

（2）储存采取水平式存放（图 5-6 所示）时，重叠存放墙板件数不超过 6 块，堆置高度不得超过 1.5 m。

（3）储存时，墙板以饰材面向下为原则，储存场应平整，不可积水，且地面应有足够的承载力，储存期间不产生不均匀的沉陷现象。

（4）用枕木当垫木，枕木之放置约在离构件边缘 L/5 处，且应在上下一垂直线上。所有与饰材接触之垫木表面衬以橡皮、间隔块。

（5）构件拆模或翻转方式应符合结构计算书所计算，以防止不当吊点产生裂缝。

（6）预制板装车出厂前，清洗干净方可运往工地。

（7）构件自然养生须维持 7 天以上，构件出厂需经 28 天试件检测报告合格后，方可出厂至工地安装。

图 5-6 混凝土构件存放

5.1.5 产品质量保证体系

认真贯彻 ISO 9001 质量体系标准,以质量为生命,以质量为效益,建立健全质量管理体系,全面实现质量目标,确保工程质量优良,争创样板工程。

建立健全质量管理机构,按项目管理制度,厂部成立质量管理领导小组,由厂长担任组长,为施工质量的第一责任者,对工程内的施工质量全权负责,总工程师和生产副厂长任副组长,成员由质检、技术、物资、经营、施工等职能部门负责人和质量工程师组成。

5.1.5.1 项目主要领导质量职责、组长职责

(1)建立质量管理机构,组织制订各类人员的质量责任制度,制定奖罚措施,完善质量管理机制。

(2)组织施工中所需资源的配置和管理,正确处理进度、质量、安全和效益之间的关系。

(3)定期召开质量工作会议,针对施工中存在或出现的问题,及时采取纠正和预防措施,确保工程质量。

(4)贯彻执行联营体的质量方针和质量目标,确保本工程质量目标的实现。

(5)主持管理评审工作,对质量管理体系的适应性和有效性进行评价,为改进和完善质量管理体系做出决策。

5.1.5.2 试验

负责对进场原材料按规定进行检验和试验,对建筑材料如土石等进行常规试验和顾客规定的、必要的检验和试验,负责混凝土级配和混凝土成品包括混凝土预制件的质量跟踪控制,并对其经手的上述各项资料的数据和可靠性负直接责任。

5.1.5.3 质量保证的检测、试验措施

根据施工工期、工程进度和工程量清单,编制切实可行的工程进度材料计划,进场材料应标明名称、产地、规格、参数、性能、进场日期、质保期,以确保工程质量。材料必须经采样、检验、核对,并附出厂合格证、质量保证书、检验报告、试验报告等相关检验资料。由于工程量较大,各种原材料之多,要分期分批进行采购和到场。要按材料采购计划分批进行检验、试验和外检,以确保原材料合格使用。

每批原材料进场,材料部以书面形式委托实验室做检验。实验室按照原材料检验规范要求进行逐项复验或送外检,检验结果及时通知相关部门,防止不合格原材料用于产品中。

5.1.5.4 质量保证的技术措施

(1) 严格按照设计图纸要求进行施工,执行现行的相关施工质量验收规范和验收标准进行验收。施工过程中实施三检制度,做好各项隐蔽验收记录。

(2) 钢筋桁架布置应与板的长边方向一致,因为吊装时是单向板。

(3) 构件采用淋水自然养护,连续养护时间不少于 7 天。

(4) 构件应标明生产单位、项目名称、生产日期、构件编号、吊点(用颜色区分)。

(5) 叠合板、施工中的重要注意事项及技术要求有:

① 叠合楼板厚度为 130 mm,其中预制板厚度为 60 mm。

② 预制板与现浇叠合层靠钢筋桁架连接,楼板受力方向深入墙体内 15 mm,且新旧混凝土结合上表面、4 个侧面均需制作成人工粗糙面,凹凸深度为 4 mm。下表面、风道洞口及其他洞口均为光滑面。预制叠合楼板采用 C30 砼,钢筋保护层为 15 mm。

5.1.6 预制构件的产品保护措施

(1) 预制构件在运输、堆放、吊装、安装连接等阶段应做好成品保护。运输过程中,宜在构件与刚性搁置点处填塞柔性垫片;垫块上下要对齐,防止构件变形开裂。

(2) 构件安装过程中,起重人员严格控制吊机起吊速度,避免安装过程中发生构件碰撞,造成棱角残缺现象。

（3）对于外观复杂的平面墙板，以及非平面墙板采用插放架、靠放架直立堆放，并采用直立运输方式。插放架、靠放架要有足够的强度和刚度，并需支垫稳固。对采用靠放架立放的构件，要对称靠放且外饰面朝外，且倾斜角度应保持大于 80°，构件上部要采用木垫块隔离。

（4）预制楼梯安装后，踏步口宜铺设木条或其他覆盖形式保护。

5.2 装配式钢结构构件生产

5.2.1 材料进场

5.2.1.1 材料进场前应进行检验

检验过程包括材质证明及材料标志和材料允许偏差的检验。材料检验合格后方可投入使用。当钢材表面有锈蚀、麻点或划痕等缺陷时，其深度不得大于该钢材厚度负偏差值的 1/2，否则不得使用。

5.2.1.2 钢材矫正

可用机械方法或火焰矫正，火焰矫正温度不可超过 650 ℃，并严禁强制降温。钢材矫正后的表面不应有明显划痕，划痕深度不得大于 0.5 mm。钢材矫正后的允许偏差见表 5-2。

表 5-2　钢材矫正后的允许偏差

序号	项　目		允许偏差（mm）
1	钢板的局部不平度	t ≤ 14	1.5
		t > 14	1.0
2	型钢弯曲矢高		L/1000 且不应大于 5.0
3	角钢肢的垂直度		b/100 双肢栓接角钢的角度不得大于 90°
4	槽钢翼缘对腹板的垂直度		b/80
5	工字钢、H 型钢翼缘对腹板的垂直度		b/100 且不大于 2.0

注：t——钢板厚度，L——钢材长度，b——型钢翼缘宽度

5.2.1.3 放样号料

放样采用的计量器具应经计量检测单位检测合格后方可使用。在计算机上对节点进行 1：1 放样，放样时应根据设计图确定各构件的实际尺寸。人工放样在平整的放样平台上进行，凡放大样的构件应以 1：1 的比例放出实样。放样工作完成后，对所放大样和样板

进行自检,无误后报质检员进行检验。

号料前必须核实所用钢材与设计图纸相符,钢材材质必须符合相关规范要求;如有代料应有代料通知单;做到专料专用。严格按照材料使用部位表进行号料,避免长料短用,宽料窄用。在施工过程中,无论是画线号料、气焊,还是铆接等工序,都必须认真检查钢材是否有重皮、裂纹等缺陷,如发现应及时会同技术人员及检查人员研究处理。

号料时长度和宽度方向必须留焊接切割收缩量。号料时,H 型和箱形截面的翼板及腹板焊缝不能设置在同一截面上,应相互错开 200 mm 以上,并与隔板错开 200 mm 以上。接料尽量采用大板接料形式。

钢管接料,壁厚 ≥ 6 mm 时管接料应开坡口,壁厚 < 6 mm 时可不开坡口。下料阶段,不得采用人工修补的方法修正切割完的钢管。

5.2.2 切割与制孔

5.2.2.1 切割

切割时对于板材采用火焰切割,对于 H 型钢等可采用卧式双柱双缸龙门带锯床或 H 型钢切割机切割下料。

切割时必须预留焊接及切割收缩余量。

(1)火焰切割(图 5-7 所示)气体的要求。

氧气:气割用氧气纯度应在 99.5% 以上,并有厂家产品合格证且符合国家标准。

乙炔气:用乙炔气纯度应在 96.5% 以上,并有厂家产品合格证且符合国家标准。

丙烷类气体:切割用丙烷纯度在 98% 以上,并有厂家产品合格证且符合国家标准。

图 5-7　火焰切割

（2）气割注意事项。

① 清除切割线两侧 50 mm 范围内的铁锈、油污。避免由于铁锈污物等在受热时发生飞溅物堵塞割咀熄火从而造成切割边缘的缺陷。

② 切割后断口上不得有裂纹，并应清除边缘上的熔瘤和飞溅。

③ 切割后钢板不得有分层。发现分层要做出标志，并向技术部门报告处理。

④ 切割中割嘴的芯距工件表面高度不宜超过 10 mm。

（3）割嘴喷出的火焰应符合下列要求：

① 喷出的纯氧气流网线应笔直而清晰，在火焰中没有歪斜及出叉现象；

② 喷出的纯氧气流网线周围和全长应均匀；

③ 如发现不正常时，宜用透针修理，并将嘴孔处附着的杂质毛刺清除掉。

5.2.2.2 制孔

高强螺栓节点板钻孔，在平面的数控钻床上进行，H 型钢端部采用三维数控钻孔机（图 5-8），安装螺栓孔可采用摇臂钻钻孔。对于制孔难度较大的构件，可在预装时套钻制孔，以确保高强螺栓连接的精度。

制孔前先对柱、梁、节点板在端部铣床上进行端部加工以确定定位基准，然后画线或在数控钻床上钻孔。

安装螺栓孔画线时，使用划针画出基准线和钻孔线，螺栓孔的孔心和孔周敲上五点梅花冲印，便于钻孔和检查。

图 5-8　数控三维钻孔机

钻孔允许偏差如表5-3、表5-4所示。

表5-3 螺栓孔的允许偏差

项　目	允许偏差（mm）
直　径	+1.0
圆　度	2.0
垂直度	0.03t，且不应大于2.0

表5-4 制孔的允许偏差

项　目	允许偏差（mm）
两相邻中心线距离	±0.5
矩形对角线两孔中心线距离及边孔中心距离	±1.0
孔中心与孔群中心距离	0.5
两孔群中心距离	±0.5

5.2.3 接料与组装

5.2.3.1 接料

接料的组装必须在经过测平的平台上进行，平台的水平差≤3 mm。

接料前，先将坡口两侧30—50 mm范围内铁锈及污物毛刺等清除干净。

H型和箱形截面接料焊缝必须采用埋弧自动焊，焊缝两端加入引入板和引出板。引入板和引出板规格自动焊为50 mm×100 mm，材质与板厚和坡口形式应与焊件相同，焊接完毕用气割切掉并修整平直，不得用锤击落。

板材接料焊缝要求焊透。采用碳弧气刨清根，接料焊接后24小时经探伤合格后，方可流入下道工序。

接料时，H型和箱形截面的翼板及腹板焊缝不能设置在同一截面上，应相互错开200 mm以上，并与隔板错开200 mm以上。

5.2.3.2 组装

组装的一般要求，如图5-9所示。

（1）组装在经过测平的平台上进行。

（2）在平台上放出组装大样并经检验合格，确定组装基准。

（3）组装人员必须熟悉图纸、加工工艺及有关技术文件，检查组装用的零件编号、材质、尺寸、数量和加工精度是否符合图纸和工艺要求，确认后进行装配。

（4）下料、装配、净料用的钢尺必须经计量检测合格，并且使用前统一校尺，组装平台必须平整。

（5）构件组装要按工艺流程进行,将零件连接处焊缝两侧各30—50 mm范围内的油污、铁锈等清理干净,并显露出钢材的金属光泽。

（6）装配时要认真控制好各零件的安装位置和角度,避免使用大锤敲打和强制装配。

（7）对于在组装后无法进行涂装及焊接的隐蔽面,应在部件或构件整体组装前进行,经检查合格后方可组装。

图5-9 组装

5.2.4 焊接与预装

5.2.4.1 焊接

按JGJ 81—2002《钢结构焊接技术规程》的要求,对焊工和焊接程序进行认证,被认证的设备型号和焊缝都应与施工过程中的相同。

（1）对焊接工作人员的要求。

① 参与本工程的所有焊工(含定位焊工)必须经过培训取得上岗证后,并在其允许范围内工作。

② 焊工在焊接过程中应严格遵守工艺操作规程,并对其焊接的产品质量负责。

③ 对焊前准备不符合技术要求的构件,焊工有权拒绝操作并报主管工程师。

（2）焊接工艺的编制。

① 焊接前必须经过焊接工艺评定试验,根据焊接工艺评定试验的结果编制焊接工艺。

② 焊接方法及焊接材料的选择,见表5-5。

表 5-5 焊接方法及焊接材料的选择

焊接方法	焊材牌号	焊接位置
手工电弧焊	E50 型焊条	定位焊 对接 角接
埋弧自动焊	H08Mn2Si+HJ431	对接 角接
CO_2 气体保护焊	H08Mn2SiA	定位焊 对接 角接
电渣焊	H08Mn2Si	隔板焊接

（3）焊前准备。

焊接设备检验：焊接前，必须保证焊接设备处于良好的技术状态。

焊前清理：焊前在焊缝区域 30—50 mm 范围内清除氧化铁皮、铁锈、水、油污、杂质、矿尘和其他污物，要求露出金属光泽。在埋弧自动焊的被焊钢材表面，除按上述要求清理外，对于在焊接过程中焊剂可能触及的水、锈、油污等杂物一律清除干净，以防混于焊剂内。

焊接区域的除锈一般应在组装前进行，构件组装后应注意保护，如重新锈蚀或附有水粉、油污等杂物应重新清理。

焊材烘干：必须严格按照焊接材料管理办法对焊接材料进行烘干与保存，焊接材料烘干温度要求见表 5-6。

表 5-6 焊接材料烘干温度

焊接材料牌号	使用前烘焙条件	使用前存放条件
焊条 E50 型	350℃—400℃；2h	100℃—150℃
焊剂 HJ431	150℃—350℃；1h	100℃—150℃

（4）定位焊，如图 5-10 所示。

① 由持有焊工合格证的焊工担任。

② 定位焊必须避免在产品的棱角和端头等强度和工艺上易出问题的部位进行，坡口内尽可能避免定位焊，定位焊在构件的起始端应离开端部 20—30 mm。

③ 定位焊应采用和母材焊接相同的焊条，定位焊焊条的最大直径不超过 Φ4 mm。

④ 定位焊缝若不得以在坡口内进行时，其焊缝高度应小于坡口深度的 2/3，长度宜大于 40 mm。

⑤ 定位焊的长度和间距视母材厚度、结构长度而定，无特别指定时，按表 5-7 规定的定位焊的长度和间距。

表 5-7 定位焊长度、间距信息（手工电弧焊）

板 厚（mm）	定位焊长度（mm）	定位间距（mm）
T ≤ 3.2	30	200—300
3.2 ＜ T ≤ 25	40	300—400
T ＞ 25	50	300—400

⑥ 定位焊后应及时清除焊渣并进行检查。若发现定位焊后有裂纹或气孔等影响焊接质量的缺陷，应在正式焊接前清除干净后，并重新进行定位焊。

图 5-10　定位焊

图 5-11　焊缝超声波检测

（5）焊接检验如图 5-11 所示。

钢结构的焊接检验应包括检查和验收两项内容，因而焊接检验不能仅仅局限于焊接完毕后，应贯穿在焊接作业的全过程，如表 5-8 所示。

表 5-8　焊接检验

检验阶段		检 验 内 容
焊接施工前		接头的组装、坡口的加工、焊接区域的清理，定位焊质量、引、熄弧板安装，衬板贴紧情况
焊接施工中		焊接材料烘焙，焊接材料牌号、规格、焊接位置
焊接完毕	外观检查	焊接表面形状、焊缝尺寸、咬边、表面气孔、表面裂纹、表面凹凸坑，引熄弧部位的处理，未溶合、钢印等
	内部检查	气孔、未焊透、夹渣、裂纹等

（6）焊缝缺陷的修复。

① 焊缝经无损检测，出现超标缺陷时，焊工不得擅自处理，应及时报告焊接技术人员查清原因后，订出修补工艺措施，方可处理。

②对焊缝金属中的裂纹,在修补前应用无损检测方法确定裂纹的界限范围。在裂纹两端前钻止裂孔,并清除裂纹及其两端各 50 mm 的焊缝或母材。焊缝尺寸大小、凹陷、咬边超标应进行补焊。对出现的焊瘤、焊缝超高,用砂轮打磨至与母材圆滑过渡。

③清除缺陷时,应将刨槽加工成四侧边斜面角大于 10° 的坡口,并应修整表面、磨除气刨渗碳层,必要时应用渗透探伤或磁粉探伤方法确定裂纹是否清除。

④采用原焊接方法及工艺规定补焊。对原来的埋弧焊焊缝出现缺陷时,则采取低氢型焊条补焊。

⑤补焊时应在坡口内引弧,熄弧时应填满弧坑;多层焊的焊层之间接头应错开,焊缝长度应不小于 100 mm;当焊缝长度超过 500 mm 时,应采用分段退焊法。

⑥返修部位应连续焊成。如中断焊接时,应采取后热、保温措施,防止产生裂纹,再次焊接宜用渗透探伤或磁粉探伤方法检查确认无裂纹后方,可继续补焊。

⑦焊缝修补的预热温度应比相同条件下正常焊接的预热温度高,并根据工程节点实际情况确定是否进行焊后消氢处理。

⑧焊缝同一部位的返修不宜超过 2 次。2 次返修仍不合格的部位,应重新制定返修方案,经工程技术负责人审批并报监理工程师认可后方可执行。

⑨返修焊缝应填报返修施工记录及返修前后的无损检测报告,作为工程验收及存档资料。

5.2.4.2 预装

构件制作完后,应在平整的平台上对典型的构件做好预装工作,并对预装过程中发现的误差或存在的问题进行校正,合格后方可进入下一道工序。

预拼装是为了使所有制作误差或其他问题在工厂预拼装后得到校正。

预拼装前的准备工作大致如下:预拼装方案的提出、设计院的认可、钢构件的完好性、场地的准备、施工器械、施工和管理人员的到位,以及各种应急措施。

钢构件制作的完整性提交是预拼装实施的必要条件。

预拼装中的各种条件应按施工图尺寸控制,各杆件的中心线应交汇于节点中心,并完全处于自由状态,不允许有外力强制固定,单杆件支承点不论柱、梁、支撑应不少于两个支承点。

预拼装构件控制基准,中心线应明确标示,并与平台基准线和地面基准线一致。

在胎架上预拼装全过程中,不得对构件动用火焰或机械等方式,在胎架上直接进行修正、切割或使用重物压载、冲撞、捶击。

高强度螺栓连接件预拼装时,可使用冲击定位和临时螺栓紧固。试装螺栓在一组孔内不得少于螺栓孔 30%,且不少于 2 只。冲钉数不得多于临时螺栓的 1/3。

预装后应用试孔器检查。当用比孔公称直径小 0.1 mm 的试孔器检查时,每组孔的通过率为 85%,试孔器必须垂直自由穿落。

按上述条款的规定检查不能通过的孔,允许修孔(铰、磨、刮孔)。修孔后如超规范,允许采用与母材材质相匹配的焊材焊补后,重新制孔,但不允许在预装胎架上进行。

预拼装允许偏差见表 5-9。

表 5-9　预拼装允许偏差

构件类型	项　目			允许偏差(mm)
梁	跨度最外端两安装孔或两端支承面			±L/5000,±5.0
	接口高差			2.0
	拱度	设计要求		±L/5000
		设计未要求		L/2000,0
	节点处杆件轴线错位			3.0
多节柱	单元总长			±5.0
	单元弯曲矢高			L/1500 且不大于 8.0
	接口截面高、宽尺寸			2.0
	铣平顶紧面至连接节点距离	至第一安装孔		±1.0
		至任一牛腿		±2.0
	单元柱身扭曲			h/200,且不大于 5.0
梁、柱、支撑等构件平面总体预拼装	各楼层柱距			±3.0
	相邻楼层梁与梁之间距离			±3.0
	各层间框架两对角线之差 任意两对角线之差			Hn/2000 且不大于 5.0
				Σ Hn/2000 且不大于 8.0

预装检验合格后,对各接口及构件号进行标志,绘制出厂排版图,随构件资料与构件同时运往施工现场,以便现场原样拼装。

5.2.5 涂装工艺

5.2.5.1 钢结构除锈

除锈等级需符合图纸设计的要求。

钢构件出厂前进行喷砂除锈，除锈等级达到 Sa 2.0—2.5 级标准，并符合《涂装前钢材表面锈蚀等级和除锈等级》（GB 8923—88）的规定。

5.2.5.2 涂漆

涂漆（图 5-12 所示）前严格检查钢材表面处理质量，是否达到了设计规定的除锈质量等级；如没有达到，应重新除锈，直至达到标准为止。

各类底漆、中涂漆及面漆应具有良好的配套性，包括性能配套、硬件配套、烘干湿度配套等。

除锈合格后涂防锈底漆两道，面漆一道，现场再涂面漆一道，安装完毕后于漆面损伤处局部再涂面漆一道，漆膜总厚度不小于 125 μm。

图 5-12　涂装工艺

面漆颜色须符合图纸要求。涂装施工环境的湿度，一般应在相对湿度以不大于 85% 的条件下施工为宜。涂装时，环境温度宜在 5℃—38℃之间。选择最佳时间进行涂装，即日出 3 小时后至日落后 3 小时之内（室内作业不限）。在下列情况下，一般不得施工，如要施工需有防护措施。

（1）在有雨、雾、雪和较大灰尘的环境下，禁止在户外施工。涂装时构件表面不应有结露，涂装后 4 小时内应保护免遭雨淋。

（2）涂层可能受到尘埃、油污、盐分和腐蚀性介质污染的环境。

（3）施工作业环境光线严重不足时。

（4）设有安全措施和防火、防爆工器具的情况下。

涂漆间隔时间对涂层质量有很大的影响，间隔时间控制适当，可增强涂层间的附着力和涂层的综合防护性能。

禁止涂漆部位为：

（1）地脚螺栓和底板；

（2）高强度螺栓节点摩擦面；

（3）型钢混凝土中的钢构件；

（4）箱形柱内封闭区；

（5）工地焊接部位及两侧 100 mm 且满足超声波探伤要求的范围；

（6）设计上注明不涂漆的部位。

5.2.5.3 涂装前的遮蔽

（1）对施工时可能会影响到禁止涂漆的部位，在施工前应进行遮蔽保护，面积较大的部位可贴纸并用胶带贴牢，面积较小的部位可全部用胶带贴上。

（2）构件安装后需补涂漆位置。

（3）接合部的外露部位和紧固件，如高强度螺栓未涂漆部分。

课后习题

1.钢筋的加工制作有哪些? 请简要说明。

2.混凝土浇筑时需注意哪些事项?

3.混凝土存储堆置作业的要求有哪些?

4.预制构件的保护措施有哪些? 请简要说明。

5.气割的注意事项有哪些?

6.焊接检验有哪些要求?

7.涂漆的要求有哪些?

第6章 装配式建筑施工

6.1 装配式混凝土建筑施工

施工现场（图6-1）应根据装配化建造方式布置施工总平面，宜规划主体装配区、构件堆放区、材料堆放区和运输通道。各个区域宜统筹规划布置，满足高效吊装、安装的要求，通道宜满足构件运输车辆平稳、高效、节能的行驶要求。

图 6-1 装配式混凝土建筑施工现场

6.1.1 进场预制构件的检验与存放

6.1.1.1 预制构件进场检验

预制构件进场后，施工单位应及时组织对预制构件质量进行检验，未经检验或检验不符合要求的预制构件不得用于工程中。

6.1.1.2 构件停放场地及存放

施工现场应根据施工平面规划设置运输通道和存放场地，并应符合下列规定。

（1）现场运输道路和存放场地应坚实平整，并应有排水措施。

（2）施工现场内的道路应按照构件运输车辆的要求合理设置转弯半径及道路坡度。

（3）预制构件运送到施工现场后，应按规格、品种、使用部位、吊装顺序分别设置存放场地。存放场地应设置在吊装设备的有效起重范围内，且应在堆垛之间设置通道。

（4）构件的存放架应具有足够的抗倾覆性能。

（5）构件运输和存放对已完成结构、基坑有影响时，应经计算复核。

此外，预制构件的堆垛宜符合下列要求：

（1）施工现场存放的构件，宜按照安装顺序分类存放，垛宜布置在吊车工作范围内，且不受其他工序施工作业影响的区域；预制构件存放场地的布置应保证构件存放有序，安排合理，确保构件起吊方便且占地面积小。

（2）堆垛层数应根据构件与垫木或垫块的承载能力及堆垛的稳定性确定，必要时应设置防止构件倾覆的支架。

（3）预埋吊件应朝上，标志宜朝向堆垛间的通道。

（4）构件支垫应坚实，垫块在构件下的位置宜与脱模吊装时的起吊位置一致。

（5）构件吊装作业时必须明确指挥人员，统一指挥信号。钢构件必须有防滑垫块，上部构件必须绑扎牢固，结构构件必须有防滑支垫。构件运进场地后，应按规定或编号顺序有序摆放在规定的位置，场内堆放地必须坚实，以防构件下沉和使构件变形。堆放构件（图6-2）时要码靠稳妥，垫块摆放位置要上下对齐，受力点要在一条直线上。装卸构件时要妥善保护涂装层，必要时要采取软质吊具。随运构件（节点板、零部件等）应设标牌，标明构件的名称和编号。

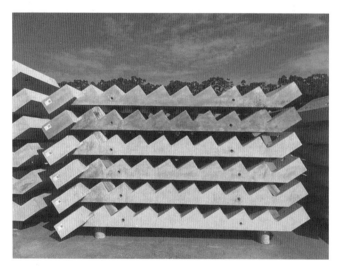

图 6-2　构件堆放

6.1.2 预制构件运输

预制构件的运输，首先应该考虑公路管理部门的要求和运输路线的实际状况，以满足运输安全为前提。装载构件后，货车的总宽度不得超过 2.5 m，货车的高度不得超过 4.0 m，总长度不得超过 15.5 m。一般情况下，货车总重量不得超过汽车的允许载重量，且不得超过 40 t。特殊预制构件经过公路管理部门的批准并采取措施后，货车总宽度不得超过 3.3 m。货车总高度不得超过 4.2 m，总长度不超过 24 m，总载重不得超过 48 t。

预制构件的运输可采用低平板半挂车或专用运输车，并根据构件的种类不同而采取不同的固定方式，通过专用运输车运输到工地，如图 6-3、图 6-4 所示。

图 6-3　墙板"人"字架式运输

图 6-4　预制板的运输

6.1.3 预制构件装车与卸货

（1）运输车辆可采用大吨位卡车或平板拖车。

（2）在吊装作业时必须明确指挥人员，统一指挥信号。

（3）不同构件应按尺寸分类叠放。

（4）构件运进场地后，应按规定或编号顺序有序地摆放在规定的位置，场内堆放地必须坚实，以防止下沉和使构件变形。

（5）装卸构件时要妥善保护，必要时要采取软质吊具。

（6）堆码构件时要码靠稳妥，垫块摆放位置要上下对齐，受力点要在一条直线上。如图 6-5 所示。

图 6-5　装配式构件的卸货

6.1.4 现场装配准备与吊装及辅助设备

6.1.4.1 起重吊装设备

在装配式混凝土结构工程施工中，要合理选择吊装设备。根据预制构件存放、安装连接等要求，确定安装使用的机具方案。选择吊装主体结构预制构件的起重机械时，关注以下事项：起重量、作业半径（最大半径和最小半径），力矩应满足最大预制构组装作业要求，起重机械的最大起重量不宜低于 10 t，塔吊应具有安装和拆卸空间，门式或履带式起重设备应具有移动式作业空间和拆卸空间，起重机械的提升或下降速度应满足预制构件安装和调整要求。

（1）汽车起重机。

汽车起重机是以汽车为底盘的动臂起重机，主要优点为机动灵活。在装配式建筑施工中，汽车起重机主要是用于低层钢结构吊装、外墙挂板吊装、叠合楼板吊装，以及楼梯、阳台、雨篷等构件吊装，如图6-6所示。

图6-6　汽车起重机

图6-7　塔式起重机

（2）塔式起重机。

塔式起重机简称塔机塔吊，是通过装设在塔身上的动臂旋转动臂上小车沿动臂行走而实现起吊作业的起重设备，如图6-7所示。塔式起重机具有起重能力强、作业范围大等特点，广泛应用于建筑工程。建筑工程中，塔式起重机按架设方式分为固定式、附着式、内爬式。其中，附着式塔式起重机是塔身沿竖向每间隔一段距离，用锚固装置与近旁建筑物可靠连接的塔式起重机，目前高层建筑施工多采用附着式塔式起重机。对于装配式建筑，当采用附着式塔式起重机时，必须提前考虑附着锚固点的位置。附着锚固点应选择在剪力墙边缘构件后浇混凝土部位，并考虑加强措施。

（3）履带式起重机。

履带式起重机是将起重作业部分装在履带底盘上，行走依靠履带装置的流动式起重机，如图6-8。履带式起重机具有起重能力强、接地比压小、转弯半径小、爬坡能力大、无须支腿、可带载行驶等优点。在装配式混凝土建筑工程中，履带式起重机主要用于大型预制构件的装卸和吊装，大型塔式起重机的安装与拆卸，以及塔式起重机吊装死角的吊装作业等。

图6-8　履带式起重机

（4）施工电梯。

施工电梯又叫施工升降机，是建筑中经常使用的载人载货施工机械，它的吊装装在井架外侧，沿齿条式轨道升降，附着在外墙或其他建筑物结构上，由于其独特的箱体结构使其乘坐起来既舒适又安全。施工电梯可载重货物 1.0—1.2 t,亦可容纳 12—15 人,其高度随着建筑物主体施工而接高,可达 100 m。它特别适于高层建筑,也可用于高大建筑、多层厂房和一般楼房施工中的垂直运输。在工地上,其通常是配合起重机使用的,如图 6-9。

图 6-9　施工电梯

6.1.4.2 横吊梁

横吊梁俗称铁扁担、扁担梁,常用于梁柱、墙板、叠合板等构件的吊装。用横吊梁吊运多品构件时,可以使各吊点垂直受力,防止因起吊受力不均而对构件造成破坏,便于构件的安装、校正。 常用的横吊梁有框架式吊梁、单根吊梁。

6.1.4.3 吊索

吊索是用钢丝绳或合成纤维等原材料做成的用于吊装的绳索。其被用于连接起重机吊钩和被吊装设备,如图 6-10。

吊装作业的吊索选择应经设计计算确定,保证作业时其所受拉力在其允许负荷范围内。如采用多吊索起吊同一构件必须选择同类型吊索。应定期对吊索进行检查和保养,严禁使用不合格质量或规格要求,以及有损伤的吊索进行起吊作业。

6.1.4.4 翻板机

翻板机（图 6-11）是实现预制构件角度的翻转,使其达到设计吊装角度的机械设备,是装配式混凝土建筑安装施工中的辅助设备。

图 6-10　吊索

图 6-11　翻板机

6.1.5 装配式混凝土建筑竖向受力构件的现场施工

6.1.5.1 墙板安装位置测量画线、铺设坐浆料

（1）墙板安装位置测量画线。安装施工前，应在预制构件和已完成的结构上测量放线，设置安装定位标志；对于装配式剪力墙结构测量、安装、定位，主要内容包括：每层楼面轴线垂直控制点不应少于 4 个，楼层上的控制轴线应使用经纬仪由底层原始点直接向上引测；每个楼层应设置 1 个引程控制点；预制构件控制线应由轴线引出，每块预制构件应有纵、横控制线各 2 条；预制外墙板安装前应在墙板内侧弹出竖向与水平线，安装时应与楼层上该墙板控制线相对应。

当采用饰面砖外装饰时，饰面砖竖向、横向砖缝应引测，贯通到外墙内侧来控制相邻板与板之间、层与层之间饰面砖缝对直预制外墙板垂直度测量，4 个角留设的测点为预制外墙板转换控制点，用靠尺以此 4 点在内侧进行垂直度校核和测量；应在预制外墙板顶部设置水平标高点，在上层预制外墙板吊装时应先垫垫块，或在构件上预埋标高控制调节件。建筑物外墙垂直度的测量，宜选用投点法进行观测。在建筑物大角上设置上下两个标志点作为观测点，上部观测点随着楼层的升高逐步提升，用经纬仪观测建筑物的垂直度并做好记录。观测时，应在底部观测点的位置安置水平读数尺等测量设施，在每个观测点安置经纬仪投影时，应按正倒镜法测出每对观测点标志间的水平位移分量，按矢量相加法求得水平位移值和位移方向。

(2) 测量过程中应该及时将所有柱、墙、门洞的位置在地面弹好墨线,并准备铺设坐浆料。将安装位洒水阴湿,地面上、墙板下放好垫块,垫块保证墙板底标高的正确。由于坐浆料通常在 1 h 内初凝,所以吊装必须连续作业,相邻墙板的调整工作必须在坐浆料初凝前进行。

(3) 铺设坐浆料。坐浆时坐浆区域需运用等面积法计算出三角形区域面积。同时,坐浆料必须满足以下技术要求:

① 坐浆料坍落度不宜过高,一般在市场购买 40—60 MPa 的灌浆料使用小型搅拌机加适当的水搅拌而成,不宜调制过稀,必须保证坐浆完成后成中间高两端低的形状。

② 在坐浆料采购前,需要与厂家约定浆料内粗集料的最大粒径为 4—5 mm,且坐浆料必须具有微膨胀性。

③ 坐浆料的强度等级应比相应的预制墙板混凝土的强度提高一个等级。

④ 为防止坐浆料填充到外叶板之间,在苯板处补充 50 mm×20 mm 的苯板堵塞缝隙。

(4) 剪力墙底部接缝处坐浆强度应该满足设计要求。同时,以每层为一检验批;每个工作班应制作一组每层不少于 3 组,且边长为 70.7 mm 的立方体试件,标准养护 28 天后进行抗压强度试验。

6.1.5.2 墙板吊装、定位校正和临时固定

墙板吊装,如图 6-12、图 6-13 所示,由于吊装作业需要连续进行,所以吊装前的准备工作非常重要。首先,应将所有柱、墙、门洞的位置在地面弹好墨线,根据后置埋件布置图,采用后钻孔法安装预制构件定位卡具,并进行复核检查;同时,对起重设备进行安全检查,并在空载状态下对吊臂角度、负载能力、吊绳等进行检查,对最困难的部件进行空载实际演练(必须进行),将倒链、斜撑杆、螺钉、扳手、靠尺、开孔电钻等工具准备齐全,操作人员对操作工具进行清点。

检查预制构件预留螺栓孔缺陷情况,在吊装前进行修复,保证螺栓孔丝扣完好;提前架好经纬仪、水准仪并调平。填写施工准备情况登记表,施工现场负责人检查核对签字后方可开始吊装。预制墙板吊装,预制构件在吊装过程中应保持稳定,不得偏斜、摇摆和扭转。吊装时,一定采用扁担式吊具吊装。

墙板定位校正,如图 6-14 所示,墙板底部若局部套筒未对准时,可使用倒链将墙板手动微调,对孔。底部没有灌浆套筒的外填充墙板直接顺着角码缓缓放下墙板。垂直坐落在准确的位置后,拉线复核水平是否有偏差。无误差后,利用预制墙板上的预埋螺栓和地面后置膨胀螺栓安装斜支撑杆,复测墙顶标高后,方可松开吊钩,利用斜撑杆调节好墙体的

垂直度（注：在调节斜撑杆时，必须两名工人同时、同方向分别调节两根斜撑杆）；调节好墙体垂直度后，刮平底部坐浆。安装施工应根据结构特点按合理顺序进行，需考虑到平面运输、结构体系转换、测量校正、精度调整及系统构成等因素，及时形成稳定的空间刚度单元，必要时应增加临时支撑结构或临时措施。单个混凝土构件的连接施工应一次性完成。预制墙板等竖向构件安装后，应对安装位置、安装标高、垂直度、累计垂直度进行校核与调整。其校核与偏差调整的原则可参照以下要求：预制外墙板侧面中线及板面垂直度的校核，应以中线为主进行调整；预制外墙板上下校正时，应以竖缝为主进行调整；墙板接缝应以满足外墙面平整为主，内墙面不平或翘曲时，可在内装饰或内保温层内调整。预制外墙板山墙阳角与相邻板的校正，以阳角为基准进行调整；预制外墙板拼缝平整的校核，应以楼地面水平线为准进行调整。构件安装就位后，可通过临时支撑对构件的位置和垂直度进行微调。

图 6-12　墙板吊装

图 6-13　墙板吊装

图 6-14　墙板定位校正

墙板临时固定。安装阶段的结构稳定性对保证施工安全和安装精度非常重要,构件在安装就位后应采取临时措施进行固定。临时支撑结构或临时措施应能承受结构自重、施工荷载、风荷载、吊装产生的冲击荷载等作用,并不至于使结构产生永久变形。装配式混凝土结构工程施工过程中,当预制构件或整个结构自身不能承受施工荷载时,需要通过设置临时支撑来保证施工定位、施工安全及工程质量。临时支撑包括水平构件下方的临时竖向支撑,在水平构件两端支撑构件上设置的临时牛腿,竖向构件的临时支撑等。对于预制墙板,临时斜撑一般安放在其背后,且一般不少于两道;对于宽度比较小的墙板,也可仅设置一道斜撑。当墙板底部没有水平约束时,墙板的每道临时支撑包括上部斜撑和下部支撑,下部支撑可做成水平支撑或斜向支撑。对于预制柱,由于其底部纵向钢筋可以起到水平约束的作用,故一般仅设置上部支撑。柱的斜撑也最少要设置两道,且应设置在两个相邻的侧面上,水平投影相互垂直。临时斜撑与预制构件一般做成铰接,并通过预埋件进行连接。考虑到临时斜撑主要承受的是水平荷载,为充分发挥其作用,对上部的斜撑其支撑点到板底的距离不宜小于板高的 2/3,且不应小于高度的 1/2。调整复核墙体的水平位置和标高、垂直度及相邻墙体的平整度后,填写预制构件安装验收表,施工现场负责人及甲方代表(或监理)签字后进入下道工序,依次逐块吊装直至本层外墙板全部吊装就位。预制墙板斜支撑和限位装置,应在连接节点和连接接缝部位后浇混凝土或灌浆料强度达到设计要求后拆除;当设计无具体要求时,后浇混凝土或灌浆料应达到设计强度的 75% 以上方可拆除;预制柱斜支撑应在预制柱与连接节点部位后浇混凝土或灌浆料强度达到设计要求,且上部构件吊装完成后进行拆除。拆除的模板和支撑应分散堆放并及时清运,应采取措施避免施工集中堆载。

6.1.6 装配式混凝土建筑水平受力构件的现场施工

6.1.6.1 预应力带肋混凝土叠合楼板(PK 板)的安装施工

(1)设置 PK 板板底支撑。在叠合板板底设置临时可调节支撑杆,支撑杆应具有足够的承载能力、刚度和稳定性,能可靠地承受混凝土构件的自重和施工过程中所产生的荷载及风荷载。当 PK 叠合板板端遇梁时,梁端支撑设置;当 PK 叠合板板端遇剪力墙时,在叠合板(图 6-15)板端处设置一根横向木方,木方顶面与板底标高相平,木方下方沿横向每隔 1 m 间距设置一根竖向墙边支撑。当板下支撑间距大于 3.3 m 或支撑间距不大于 3.3 m 且板面施工荷载较大时,板底跨中需设置竖向支撑。

图 6-15　带肋叠合楼板

（2）PK 板吊装。PK 板吊装采用专用夹钳式吊具吊装，吊装过程中应使板面基本保持水平，起吊、平移及落板时应保持速度平缓。吊装应停稳、慢放，按顺序连续进行，将 PK 板坐落在木方（或方通）顶面，及时检查板底就位和搁置长度是否符合要求。当 PK 板叠合层混凝土与板端梁、墙、柱一起现浇时，PK 板板端在梁、墙、柱上的搁置长度不应小于 10 mm；当叠合板搁置在预制梁或墙上时，板端搁置长度不应小于 80 mm。铺板前应先在预制梁或墙上用水泥砂浆找平，铺板时再用 10—20 mm 厚水泥砂浆坐浆找平。PK 板安装后，应对安装位置、安装标高进行校核与调整；并对相邻预制构件平整度、高低差、拼缝尺寸进行校核与调整。

（3）设置 PK 板预留孔洞。在 PK 板上开孔时，灯线孔采用凿孔工艺，洞口直径不大于 60 mm，且开洞应避开板肋及预应力钢筋，严禁凿断预应力钢丝。如果需要在板肋上凿孔或需凿孔直径大于 60 mm，应与生产厂家协商在生产时预留孔洞或增设孔洞周边加强筋。

（4）PK 板钢筋布置原则。肋上每个预留孔中穿一根穿孔钢筋，此时穿孔钢筋间距为 200 mm；当穿孔钢筋需加密时，可在每个孔内穿两根钢筋，在布置穿孔钢筋时应保证穿孔钢筋锚入两端支座的长度不小于 40 mm 且至少到支座中心；PK 叠合板负弯矩筋和分布钢筋的布置原则是：顺肋方向钢筋配置在下面，垂肋方向钢筋配置在上面。

（5）预埋管线布置原则。预埋管线可布置在预应力预制 PK 板板肋间，并且可以从肋上预留孔中穿过，不能从板肋上跨过；当预留管线孔与板肋有冲突时，板肋损坏不能超过 400 mm。

（6）浇筑叠合层混凝土。叠合层混凝土的浇筑必须满足《混凝土结构工程施工质量验收规范》（GB 50204—2015）中相关规定的要求；浇筑混凝土过程应该按规定见证取样留置混凝土试件。浇筑混凝土前用塑料管和胶带缠住灌浆套筒预留钢筋，防止预留钢筋粘上混凝土,影响后续灌浆连接的强度和黏结性;同时,必须将板表面清扫干净并浇水充分湿润,但板面不能有积水。叠合板混凝土浇筑时,为了保证叠合板及支撑受力均匀,混凝土浇筑采取从中间向两边浇筑,连续施工,一次完成。同时,使用平板振动器振捣,确保混凝土振捣密实。根据楼板标高控制线控制板厚;浇筑时,采用 2 m 刮杠将混凝土刮平,随即进行混凝土收面及收面后的拉毛处理;浇筑完成后,按相关施工规范规定对混凝土进行养护。

6.1.6.2 预制混凝土叠合梁、阳台、空调板、太阳能板的安装施工

(1)叠合梁。

装配式结构梁基本以叠合梁形式出现,如图 6-16。装配式混凝土叠合梁的安装施工工艺和叠合楼板工艺类似。现场施工时应将相邻的叠合梁与叠合楼板协同安装,两者的叠合层混凝土同时浇筑,以保证建筑的整体性能。安装顺序宜遵循先主梁后次梁、先低后高的原则。安装前,应测量并修正临时支撑标高,确保与梁底标高一致,并在柱上弹出梁边控制线;安装后根据控制线进行精密调整。安装时梁伸入支座的长度与搁置长度应符合设计要求。装配式混凝土建筑梁柱节点处作业面狭小且钢筋交错密集,施工难度极大。因此,在拆分设计时即考虑好各种钢筋的关系,直接设计出必要的弯折。此外,吊装方案要按拆分设计考虑吊装顺序,吊装时则必须严格按吊装方案控制先后。安装前,应复核柱钢筋与梁钢筋位置、尺寸;对梁钢筋与柱钢筋位置有冲突的,应按经设计单位确认的技术方案调整。

图 6-16 叠合梁吊装

（2）预制混凝土阳台、空调板、太阳能板的安装施工。

装配式混凝土建筑的阳台一般设计成封闭式阳台，其楼板采用钢筋桁架叠合板，部分项目采用全预制悬挑式阳台。空调板、太阳能板以全预制悬挑式构件为主。全预制悬挑式构件是通过将甩出的钢筋伸入相邻楼板叠合层足够锚固长度，通过相邻楼板叠合及控制要点层及控制要点层后浇混凝土与主体结构实现可靠连接。预制混凝土阳台、空调板、太阳能板的现场施工工艺：定位放线→安装底部支撑并调整→安装构件→（绑扎叠合层钢筋）→浇筑叠合层混凝土→拆除模板。其安装施工均应符合下列规定：

① 预制阳台板吊装宜选用专用型框架吊装梁，预制空调板吊装可采用吊索直接吊装。

② 吊装前应进行试吊装，且检查吊具预埋件是否牢固。

③ 施工管理及操作人员应熟悉施工图纸，应按照吊装流程核对构件编号，确认安装位置，并标注吊装顺序。

④ 吊装时注意保护成品，以免墙体边角被撞。

⑤ 阳台板施工荷载不得超过 $1.5\ kN/m^2$。施工荷载宜均匀布置。

⑥ 悬臂式全预制阳台板、空调板、太阳能板甩出的钢筋都是负弯矩筋，首先应注意钢筋绑扎位置的准确。同时，在后浇混凝土过程中要严格避免踩踏钢筋而造成钢筋向下位移。

⑦ 预制构件的板底支撑必须在后浇混凝土强度达到 100% 后拆除。板底支撑拆除应保证该构件能承受上层阳台通过支撑传递下来的荷载。

6.1.6.3 预制混凝土楼梯的安装施工

（1）预制楼梯的入场检验。

根据《混凝土结构工程施工质量验收规范》（GB 50204—2015）第9.2.2条的规定，梁板类简支预制构件进场时应进行结构性能检验。检验数量：每批进场不超过1000个同类型预制构件为批，在每批中应随机取样一个构件进行检验。因此，楼梯进场应核查和收存能够覆盖项目需要的通过合规的第三方检验机构检验的结构性能检验报告。

（2）预制楼梯的安装。

检查核对构件编号，确定安装位置，弹出楼梯安装控制线，对控制线及标高进行复核。楼梯侧面距结构墙体预留 30 mm 空隙，为后续初装的抹灰层预留空间；梯井之间根据楼梯栏杆安装要求预留 40 mm 空隙。在楼梯段上下口梯梁处铺 20 mm 厚C25细石混凝土找平灰饼，找平层灰饼标高要控制准确。预制楼梯采用水平吊装，用螺栓将通用吊耳与楼梯板预埋吊装内螺母连接，起吊前检查卸扣卡环，确认牢固后方可继续缓慢起吊，如图6-17。调整索具铁链长度，使楼梯段休息平台处于水平位置，试吊预制楼梯板，检查吊点位置是否准确,吊索受力是否均匀等;试起吊高度不应超过 1 m。楼梯吊至梁上方 30—50 cm 后,调整楼梯位置板边线基本与控制线吻合。就位时要求缓慢操作,严禁快速猛放,以免造成楼梯板震折损坏。楼梯板基本就位后,根据控制线利用撬棍微调、校正,先保证楼梯两侧准确就位,再使用水平尺和倒链调节楼梯水平面。

图 6-17 预制楼梯吊装

(3) 预制楼梯的固定。

预制楼梯固定铰端做法见图 6-18,预制楼梯活动铰端做法见图 6-19。

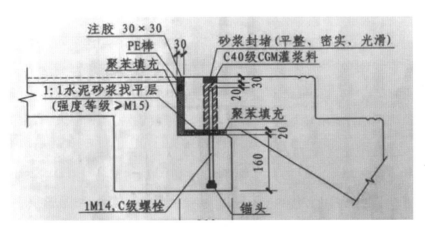

图 6-18 预制楼梯固定铰端安装

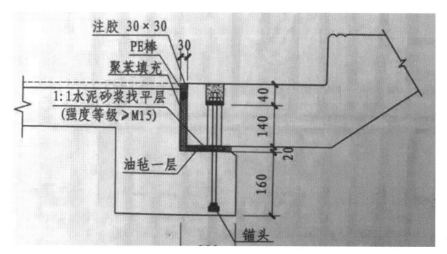

图 6-19　预制楼梯活动铰端安装

6.2 装配式钢结构建筑施工

6.2.1 构件运输与堆放

6.2.1.1 构件运输

（1）运输构件的单件重量超过 3 t 的，宜在易见部位用油漆标上重量及重心位置的标志，以免在装车、卸车和起吊过程中损坏构件；节点板、高强度螺检连接面等重要部分要有适当的保护措施，零星的部件等都要按同一类别用螺栓和钢丝紧固成束或包装发运。

（2）大型或重型构件的运输应根据行车路线、运输车辆的性能、码头状况、运输船只来编制运输方案。在运输方案中要着重考虑吊装工程的堆放条件、工期要求，以及编制构件的运输顺序。

（3）运输构件时，应根据构件的长度、重量、断面形状选用车辆；构件在运输车辆上的支点、两端伸长的长度及绑扎方法均应保证构件不产生永久变形、不损伤涂层。构件起吊必须按设计吊点起吊，不得随意更改。

（4）公路运输装运的高度极限为 4.5 m。如需通过隧道时，则高度极限为 4 m，构件长出车身不得超过 2 m。钢构件运输如图 6-20。

图 6-20　钢构件运输

6.2.1.2 构件堆放

　　构件吊装作业时必须明确指挥人员，统一指挥信号。钢构件必须有防滑垫块，上部构件必须绑扎牢固，结构构件必须有防滑支垫。构件运进场地后，应按规定或编号顺序有序地摆放在规定的位置，场内堆放地必须坚实，以防构件下沉和使构件变形。堆放构件时要码靠稳妥，垫块摆放位置要上下对齐，受力点要在一条直线上。装卸构件时要妥善保护涂装层，必要时要采取软质吊具。随运构件（节点板、零部件等）应设标牌，标明构件的名称和编号。

图 6-21　钢构件堆放

6.2.2 预埋件复验

为便于钢结构构件与混凝土结构连接,在混凝土结构施工时需要预先埋设螺栓、预埋钢板和锚筋等,预埋件安装施工前需要进行复验。

(1)预埋件材料的品种、规格必须符合设计要求,并有产品质量证明书。当设计有复验要求时,应按规定进行复验并在合格后方准使用。

(2)当由于采购等原因不能满足设计要求需要代换时,应征得设计工程师的认可并办理相应的设计变更文件。

(3)预埋钢板的平整度及预埋螺杆的顺直度影响使用时,应进行校平和矫直处理,在运输时进行必要的保护,预埋螺杆的丝扣部位应采用塑料套管加以保护,防止被机器破坏。

(4)安装前应与技术人员办理测量控制线交接手续,复核给定的测量控制线,根据该控制线引测预埋件(预埋螺栓)的平面及高程控制线。

(5)预埋件及预埋螺栓在现场应分类存放,设专人保管,防止雨水侵蚀、挤压变形和丝扣破损。

(6)预埋件和预埋螺栓埋设定位后应进行跟踪检查,防止其他工序施工使预埋件和螺栓位置发生变化,影响安装精度。

(7)预埋螺栓安装定位后,应采用不干胶带或塑料套管加以保护,防止丝扣破损或混凝土浇筑时对丝扣造成污染。

6.2.3 构件安装

6.2.3.1 安装前准备工作

(1)对所有进场部品、零配件及辅助材料应按设计规定的品种、规格、尺寸和外观要求进行检查,并应有合格证和性能检测报告。

(2)安装前应进行技术交底。

(3)应将部品连接面清理干净,并对预埋件和连接件进行清理和防护。

(4)应按部品排列图进行测量放线。

(5)部品吊装应采用专用吊具,起吊和就位应平稳,防止磕碰。

6.2.3.2 安装要求

(1)钢结构安装须在下部结构轴线及预埋件验收合格后进行,预埋件中心与设计定位间的偏差超过 10 mm 则需进行调整。钢结构的安装顺序由安装单位与设计单位商量确定。

（2）未经设计人员同意，不得任意增加施工荷载。

（3）所有钢结构成品或单元式成品应全部在工厂制作及完成喷漆，现场仅进行成品安装或单元式大件拼装（钢结构屋顶可以在现场拼装）。

（4）所有钢结构构件须足尺放样后方可下料加工，焊接节点间的杆件长度应考虑焊接收缩量。

（5）钢结构制作与安装的工序按如下方式进行：工厂备料及开料→工厂制作现场放线→预埋件施工→工厂金属基层防锈处理→工厂底、中、面漆喷涂→工厂包装后运输到现场→进场检验、安装验收。

（6）钢结构构件应按《钢结构工程施工质量验收规范》（GB 50205—2001）和国家的有关规定进行制作、安装及验收。

6.2.4 喷涂面漆

钢结构现场喷涂应满足下列规定：

（1）构件在运输、存放和安装过程中损坏的涂层，以及安装连接部位的涂层应进行现场补漆，并应符合原喷涂工艺要求。

（2）构件表面的喷涂系统应相互兼容。

（3）防火涂料应符合国家现行有关标准的规定。

第 7 章　BIM 与装配式建筑

7.1 BIM 基础概述

7.1.1 BIM 的概述

BIM（Building Information Modeling）是建筑信息模型的简称，BIM 是建筑行业中应用信息技术的具体体现。BIM 技术通过三维建模，将建筑工程全生命周期中产生的相关信息添加在该三维模型中，根据模型对设计、生产、施工、装修、管理过程进行控制和管理，并根据项目在各阶段中的完成情况，不断对已有的数据库进行更新，最终建立多维的数据模型，通过信息化模型整合项目各个阶段的相关信息，搭建起一个可以为项目各方共享的资源信息平台。

7.1.2 BIM 的工作方式

BIM 采用三维的建筑设计方式，变革了之前平面作图的设计方式，采用三维建模方式可以直观地展现出建筑工程项目的全貌、各个构件的连接、细部的做法，以及管线的排布等，使得设计师可以更加清晰地掌控项目设计节奏，提升设计质量和效率。除此之外，BIM 技术集成了整个建筑工程项目中各个有关参与方的数据信息，构建了一个数据平台。如图 7-1 所示，这个数据平台可以完整、准确地提供整个建筑工程项目的信息。

图 7-1　BIM 技术在装配式建筑中的应用

7.1.3 BIM 相关政策和标准

为贯彻落实国务院推进信息技术发展的有关文件精神,住房和城乡建设部于 2015 年 6 月 16 日发布了《关于推进建筑信息模型应用的指导意见》(建质函〔2015〕159 号),对普及应用 BIM 技术提出了明确要求和具体措施。住房和城乡建设部于 2016 年 8 月 23 日印发了《2016—2020 年建筑业信息化发展纲要》,旨在增强建筑业信息化发展能力,优化建筑业信息化发展环境,加快推动信息技术与建筑业发展深度融合。2016 年 12 月 2 日,住房和城乡建设部发布第 1380 号公告,批准《建筑信息模型应用统一标准》为国家标准,编号为 GB/T 51212—2016,自 2017 年 7 月 1 日起实施。作为我国第一部建筑信息模型应用的工程建设标准,其中提出了建筑信息模型应用的基本要求,是建筑信息模型应用的基础标准,可作为我国建筑信息模型应用及相关标准研究和编制的依据。部分 BIM 相关政策和标准如表 7-1 所示。

表 7-1   BIM 相关政策和标准

序号	发布机构/省市	政策/标准名称	发布时间
1	住房和城乡建设部	关于推进建筑业发展和改革的若干意见	2014 年
2	住房和城乡建设部	关于推进建筑信息模型应用的指导意见	2015 年
3	住房和城乡建设部	2016—2020 年建筑业信息化发展纲要	2016 年
4	住房和城乡建设部	建筑信息模型应用统一标准(GB/T 51212—2016)	2016 年
5	住房和城乡建设部	建筑信息模型施工应用标准(GE/T 51235—2017)	2017 年
6	北京市	民用建筑信息模型设计标准	2014 年
7	上海市	关于进一步加强上海市建筑信息模型技术推广应用的通知	2017 年
8	天津市	天津市民用建筑信息模型(BIM)设计技术导则	2016 年
9	广东省	关于开展建筑信息模型(BIM)技术推广应用的通知	2014 年
10	浙江省	浙江省建筑信息模型(BIM)技术应用导则	2016 年
11	济南市	关于加快推进建筑信息模型(BIM)技术应用的意见	2016 年
12	深圳市	深圳市建筑工务署政府公共工程 BIM 应用实施纲要及深圳市建筑工务署 BIM 实施管理标准	2015 年
13	沈阳市	推进我市建筑信息模型技术应用的工作方案	2016 年
14	成都市	关于在成都市开展建筑信息模型(BIM)技术应用的通知	2016 年
15	黑龙江省	关于推进我省建筑信息模型应用的指导意见	2016 年
16	云南省	云南省推进建筑信息模型技术应用的实施意见	2016 年

7.1.4 BIM 应用系列软件概述

工程建设是一门非常复杂大学科,涉及的专业知识也非常宽泛,跨学科沟通效果不好,一直是建筑业难以克服的障碍之一。如今有了 BIM 技术,使得数据在各学科之间能够进行信息流动,缓解了建筑业信息孤岛、信息割裂等问题。但是,这需要很多 BIM 类软件共同应用,才能实现。目前,没有哪一款软件,能够做到仅用一个软件就能完成 BIM 全过程应用的。

BIM 技术有效落地应用最关键的要素之一就是软件,只有通过软件才能充分利用 BIM 的特性,发挥 BIM 应有的作用,实现其价值。迄今为止,BIM 应用系列软件整体多达 60 多种,但主流 BIM 应用软件大致可以分为以下 3 大系列。

(1) 以建模为主辅助设计的 BIM 基础类软件。BIM 基础软件是指能为多个 BIM 应用软件提供可使用的 BIM 数据软件。例如,基于 BIM 技术的建筑设计软件,可用于建立建筑设计 BIM 数据,且该数据可用于基于 BIM 技术的能耗分析软件、日照分析软件等 BIM 应用软件。目前这类软件有:美国 Autodesk 公司的 Revit 软件,其中包含了建筑设计软件、结构设计软件及 MEP 设计软件;匈牙利 Graphisoft 公司的 ArchiCAD 软件等。

(2) 以提高单业务点工作效率为主的 BIM 工具类软件。BIM 工具软件是基于 BIM 模型数据开展各种工作的应用软件。例如,利用建筑设计 BIM 设计模型,进行二次深化设计、碰撞检查及工程量计算的 BIM 软件等。目前这类软件有:美国 Autodesk 公司的 Ecotect 建筑采光模拟和分析软件,广联达公司的 MagiCAD 机电深化设计软件,还有基于 BIM 技术的工程量计算软件、BIM 审图软件、5D 管理软件等。

(3) 以协同和集成应用为主的 BIM 平台类软件。BIM 平台软件实现对各类 BIM 数据进行有效的管理,以便支持建筑全生命期 BIM 数据的共享。该类软件支持工程项目的多参与方及各专业的工作人员之间通过网络高效地共享信息。目前这类软件包括美国 Autodesk BIM 360 软件、Bentley 公司的 Projectwise、Graphisoft 公司的 BIMServer 等,国内有广联达公司的广联云等。这些软件一般支持本公司内部的软件之间的数据交互及协同工作。另外,一些开源组织也开发了开放的 BIMServer 平台,可基于 IFC 标准进行数据交换,满足不同公司软件之间的数据共享需求。

BIM 技术对工程建设领域的作用和价值已在全球范围内得到业界认可,并在工程项目上得以快速发展和应用,BIM 技术已成为继 CAD 技术之后行业内又一个最重要的信息化应用技术。

7.2 BIM 在装配式建筑中的应用（以深圳某保障房项目为例）

深圳某保障房项目采用了装配整体式剪力墙体系。该项目大部分外墙采用预制墙体，小部分外墙结合立面造型采用 PCF 模板现浇，内承重墙也是部分预制部分现浇，另外还采用叠合梁、叠合板、预制楼梯、预制阳台等预制构件，以 2 号楼为例预制率为 49.3%，装配率为 71.5%，项目整体的预制率装配率较高。图 7-2 与图 7-3 是该项目的标准层平面图和预制墙板划分图。

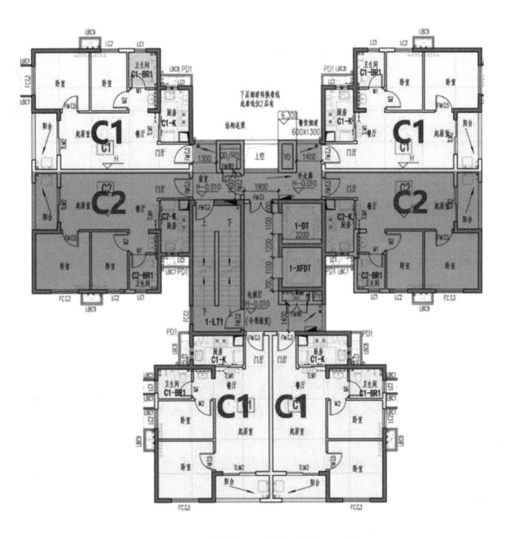

图 7-2　保障房 2 号楼标准层平面图

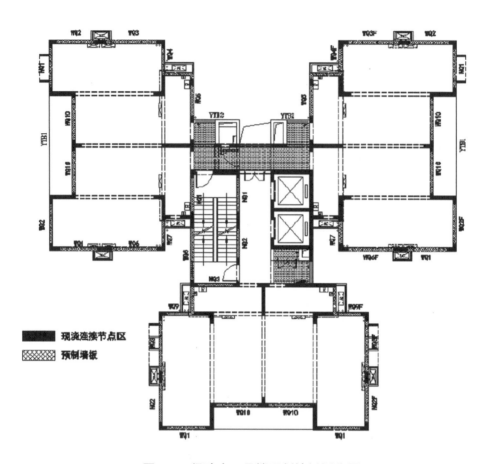

图 7-3　保障房 2 号楼预制墙板划分图

7.2.1 BIM 技术在保障房项目设计阶段的应用

7.2.1.1 制定标准化的设计流程

在传统设计方式中，各专业设计人员各自为政，各自有自己的设计风格和习惯，同样的构件或者项目，不同的设计人员会有不同的设计方法。在这个保障房项目 BIM 方案开始实施之前，项目组首先制定了一套标准化的设计流程，采用统一规范的设计方式，各专业设计人员均需遵从统一的设计规则，大大加快了设计团队的配合效率，减少设计错误，提高设计效率。

7.2.1.2 进行模数化的构件组合设计

在装配式建筑设计中，各类预制构件的设计是关键，这就涉及预制构件的拆分问题，在传统的设计方式中，是由构件生产厂家，在设计施工图完成后进行构件拆分。这种方式下，构件生产要对设计图纸进行熟悉和再次深化，存在重复工作。装配式建筑应遵循少规格、多组合的原则，在标准化设计的基础上实现装配式建筑的系列化和多样化。在该项目设计过程中，事前确定好所采用的工业化结构体系，并按照统一模数进行构件拆分，精简构件类型，提高装配水平。

7.2.1.3 建立模块化的构件库

在以往的工业化建筑或者装配式建筑中，预制构件是根据设计单位提供的预制构件加工图进行生产，这类加工图还是传统的平、立、剖加大样详图的二维图纸，信息化程度低。BIM技术相关软件中，有族的概念，根据这一设计理念，根据构件划分结果并结合构件生产厂家生产工艺，建立起模块化的预制构件库，在不同建筑项目的设计过程中，只需从构件库中提取各类构件，再将不同类型的构件进行组装，即可完成最终整体建筑模型的建立。构件库的构件种类也可以在其他项目的设计过程中进行应用，并且不断扩充、不断完善。如图7-4所示。

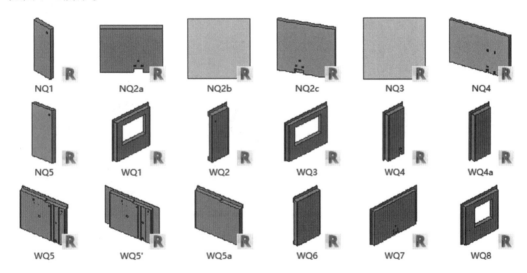

图7-4 保障房2号楼标准化构件库

7.2.1.4 组装可视化的三维模型

传统设计方式是使用二维绘图软件，以平、立、剖面和大样详图为主要出图内容。这种绘图模式，各个设计专业之间相对孤立，是一种单向的连接方式，对于不断出现的设计变化难以及时应对，导致设计过程中出现大量修改，甚至在出图完成后还会有大量的设计变更，效率较低，信息化程度低。将模块化、模数化的BIM构件进行组合，可以构建一个三维可视化BIM模型，运用效果图、动画、实时漫游、虚拟现实系统等项目展示手段，可将建筑构件及参数信息等真实属性展现在设计人员和甲方业主面前，在设计过程中可以及时发现问题，也便于甲方及时决策,可以避免事后的再次修改。

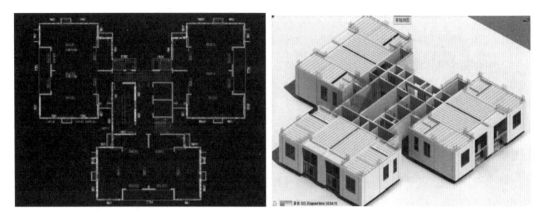

图 7-5　从传统二维设计到 3D 可视化设计

图 7-6　BIM 技术中建筑及结构可视化设计

7.2.1.5 高效的设计协同

采用 BIM 技术进行设计,设计师均在同一个建筑模型上工作,所有的信息均可以实时进行交互,可视化的三维模型使得设计成果直观呈现,同时还可以进行不同专业间的设计冲突检查。在传统设计方法中,不同专业人员需要人工手动查找本专业和其他专业的冲突错误,费时费力而且容易出现遗漏的状况,BIM 技术直接在软件中就可以完成不同专业间的冲突检查,大大地提高了设计精度和效率。

7.2.1.6 便捷的工程量统计和分析

BIM 模型中存储着各类信息,设计师可以随时对门窗、部品、各类预制构件等的数量、体积、类别等参数进行统计,再根据这些材料的一般定价,即可大致估计整个项目的经济指标。设计师在设计过程中，可以实时查看自己设计方案的这些经济指标是否能够满足业主的要求。同时，模型数据会随着设计的深化而自动更新，确保项目统计信息的准确性。

7.2.2 BIM技术在保障房项目生产阶段的应用

7.2.2.1 构件设计的可视化

采用BIM技术进行构件设计，可以得到构件的三维模型，可以将构件的空间信息完整直观的表达给构件生产厂家，如图7-7。

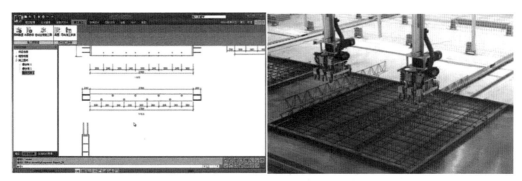

图7-7　预制构件生产的可视化

7.2.2.2 构件生产的信息化

构件生产厂家可以直接提取BIM信息平台中各个构件的相关参数，根据相关参数确定构件的尺寸、材质、做法、数量等信息，并根据这些信息合理确定生产流程和做法，同时生产厂家也可以对发来的构件信息进行复核，并且可以根据实际生产情况向设计单位进行信息的反馈，这样就使得设计和生产环节实现了信息的双向流动，提高了构件生产的信息化程度，如图7-8。

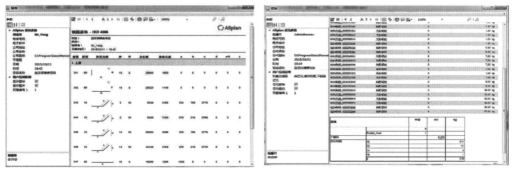

图7-8　预制构件生产的信息化

7.2.2.3 构件生产的标准化

生产厂家可以直接提取 BIM 信息平台中的构件信息，并直接将信息传导到生产线，直接进行生产。同时，生产厂家还可以结合构件的设计信息，以及自身实际生产的要求，建立标准化的预制构件库，在生产过程中对于类似的预制构件只需调整模具的尺寸即可进行生产，如图 7-9 所示。通过标准化、流水线式的构件生产作业，可以提高生产厂家的生产效率，增加构件的标准化程度，减少由于人工操作带来的操作失误，改善工人的工作环境，节省了人力和物力。预制构件材料如图 7-10 所示。

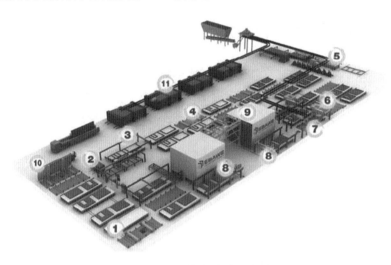

图 7-9　预制构件生产的标准化

（a）预制构件叠合板

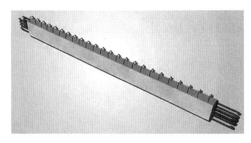

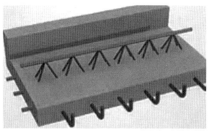

（b）预制构件叠合梁　　　　　　　（c）预制构件空调板

（d）预制构件楼梯梯板

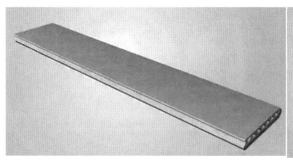

（e）预制构件轻质混凝土墙板　　　　　（f）预制构件外墙板

（g）预制构件阳台板

图7-10　各类预制构件板

7.2.3 BIM 技术在保障房项目施工阶段的应用

工业化建筑采用构件工厂预制生产，构件运输到现场，再吊装安装的施工模式。施工环节是项目进程中的重要环节。

7.2.3.1 施工深化设计

施工深化设计的主要目的是提升深化后建筑信息模型的准确性、可校核性。将施工操作规范与施工工艺融入施工作业模型，使施工图满足施工作业的需求。施工单位依据设计单位提供的施工图与设计阶段建筑信息模型，根据自身施工特点及现场情况，完善或重新建立可表示工程实体，即施工作业对象和结果的施工作业模型。该模型应当包含工程实体的基本信息。BIM 技术工程师结合自身专业经验或与施工技术人员配合，对建筑信息模型的施工合理性、可行性进行甄别，并进行相应的调整优化；同时，对优化后的模型实施冲突检测，如图 7-11。

图 7-11　采用 BIM 进行碰撞检测

7.2.3.2 施工过程的仿真模拟

在制定施工组织方案时，施工单位技术人员将本项目计划的施工进度、人员安排等信息输入 BIM 信息平台中，软件可以根据这些录入的信息进行施工模拟；同时，BIM 技术也可以实现不同施工组织方案的仿真模拟，施工单位可以依据模拟结果选取最优施工组织方案。

7.2.3.3 施工过程中的综合管控

施工单位在施工过程中，可将施工过程中产生的相关信息实时输到 BIM 信息平台中，全面监控工程现场情况。在现场施工时，BIM 技术可以作为施工进度监督表，并指导现场施工，可以通过软件对现场实际的施工进度与原计划进度进行对比分析，及时安排人员的调配和各类物资的运输堆放。BIM 技术模拟施工如图 7-12 至图 7-19 所示。

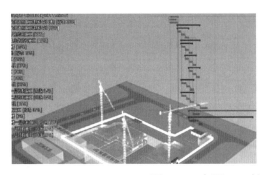
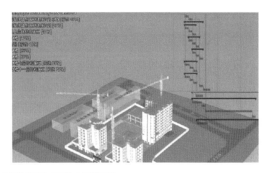

图 7-12 应用 BIM 技术进行施工仿真模拟

图 7-13　BIM 模拟现场预制构件运输与堆放　　　图 7-14　BIM 模拟现场外墙安装

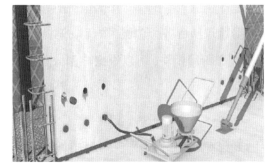
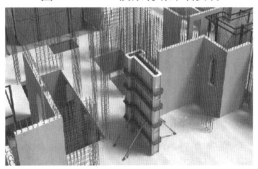

图 7-15　BIM 模拟外墙板灌浆图　　　图 7-16　BIM 模拟铝模的安装固定

图 7-17　BIM 模拟预制楼梯吊装　　　图 7-18　BIM 模拟预制阳台吊装图

图 7-19　运用 BIM 进行施工过程中的综合管控

7.2.4 BIM 技术在保障房项目装修阶段的应用

7.2.4.1 构建标准化的装修部品库

和建立标准化的预制构件库一样,采用 BIM 技术也可以构建起标准化的装修部品库。在本项目中,根据业主要求,从装修部品库中选取了相应的部品组装到整体模型中;同时本项目中新增的各类装修部品,也可以完善装修部品构件库。

7.2.4.2 装修部品的模块化拆分与组装

内装设计应配合建筑设计同时开展工作,根据建筑项目各个功能区的划分,将装修部品分解成不同的模块,常见的模块主要是卫浴模块和厨房模块。可以根据户型大小、功能划分,直接将模块化的装修部品组装到 BIM 模型中。

7.2.4.3 装修部品的工业化生产

在建立好标准的装修部品库,以及模块化的装修方案后,可以给业主提供菜单式的选择服务,业主可以根据自己的喜好和需求选取相应的装修部品。在确定好建筑项目的部品类型后,装修部品生产厂家可以提取 BIM 信息平台中相关部品的信息,实现工业化的批量生产,生产完成后运输到施工现场,根据要求进行整体吊装。这种方式,可以保证装修部品的质量,在很大程度上可以避免传统施工方式中厨房和卫生间可能出现的渗漏水现象。

7.2.5 BIM 技术在装配式建筑中的应用优势总结

BIM 技术集成了整个建筑项目中各个部门的数据信息,BIM 模型本身就是一个数据模型。而这个数据模型可以完整准确地提供整个建筑工程项目的信息。

BIM 技术在装配式建筑中的应用优势总结如下。

7.2 BIM在装配式建筑中的应用（以深圳某保障房项目为例）

（1）相互匹配的精度，BIM能适应建筑工业化精密建造的要求。装配式建筑是采用工厂化生产的构件、配件、部品，采用机械化、信息化的装配式技术组装而成的建筑整体。其工厂化生产的构配件精度能够达到毫米级，现场组装也要求较高精度，以满足各种产品组件的安装精度需求。总体来说，建筑工业化要求全面"精密建造"，也就是要全面实现设计的精细化、生产加工的产品化和施工装配的精密化。而BIM应用的优势，从"可视化"和"3D"模拟的层面，在于"所见即所得"，这和建筑工业化的"精密建造"特点高度契合。而在传统建筑生产方式下，由于其粗放型的管理模式和"齐不齐、一把泥"的误差、工艺和建造模式，无法实现精细化设计、精密化施工的要求，也无法和BIM相匹配。

（2）集成的建筑系统信息平台新型装配式建筑是设计、生产、施工、装修和管理"五位一体"的体系化和集成化的建筑，不是"传统生产方式＋装配化"的建筑。它应该具备新型建筑工业化的五大特点："标准化设计、工厂化生产、装配化施工、一体化装修和信息化管理"，用传统的设计、施工和管理模式进行装配化施工不是建筑工业化。装配式建筑核心是"集成"，BIM方法是"集成"的主线。这条主线串联起设计、生产、施工、装修和管理的全过程，服务于设计、建设、运维、拆除的全生命周期，可以数字化仿真模拟，信息化描述各种系统要素，实现信息化协同设计、可视化装配，工程量信息的交互和节点连接模拟及检验等全新运用，整合建筑全产业链，实现全过程、全方位的信息化集成。

（3）设计过程中建筑、结构、机电、内装各专业的高效合作与协同BIM技术可以提供一个信息共享平台，各个专业的设计师通过这一平台建立模型，共享信息。大家在一个模型上设计，每个专业都能共享同一个最新信息。任何一个环节出现误差或者修改，其他设计人员均可以及时发现，并对其进行处理。同时，不同专业的设计师可以在同一平台上分工合作，按照一定的标准和原则进行设计，可大大提高设计精度和设计效率。

BIM技术在装配式建筑中的应用，将大大加快装配式项目在全国各地的推进速度。随着BIM技术在装配式建筑中的不断应用，BIM技术优势将在实践过程中不断得以体现，相信会有越来越多的装配式建筑项目应用BIM技术。

课后习题

1. 简述 BIM 的概念及 BIM 的工作方式。

2. 简述 BIM 相关政策和标准包括哪些。

3. BIM 技术在装配式建筑中的应用优势有哪些?

4. BIM 技术在项目设计阶段、生产阶段、施工阶段、装修阶段如何运用?

第8章 装配式建筑人才培养

8.1 目前存在的问题

建筑业旧业态具有高增速、大规模、多机会、低利润、旧模式、恒盈利的特征,长期以来,建筑业吸纳了大量企业和人员。但是,随着装配式建筑的发展,建筑行业内分化将变得激烈,不可避免地会有大量企业和从业人员退出。

目前建筑业从业人员不下5000万人,队伍非常庞大。传统的建筑生产组织方式,因为其对人工劳动严重依赖、简单重复劳动多、科技含量低,使得建筑施工行业作业效率普遍低下,原材料消耗大,环境污染问题突出。这种现场施工、现场砌筑、人随项目走的习惯性做法,已经难以适应当今世界节能减碳、绿色环保的发展要求。而建筑业走向工厂化的装配式建造方式,是弥补现阶段建筑业高技能劳动力短缺的有效途径。

工厂化通过工厂预制和现场装配相结合的生产方式,不但缩短了建造周期,而且减少了对手工劳动和劳动技能的依赖。这意味着,随着装配式建筑的发展,今后建筑业将不再时兴"人海战术"了。

8.1.1 顶层设计

目前,中国装配式建筑顶层设计来源于万科与榆构合作的结合日本抗震设计的等同现浇的装配式体系,等同现浇体系必然存在大量露筋、甩筋情况。国内装配式构件自动化生产线多引进德国设备和技术体系,德国构件生产技术体系中构件甩筋少、外露少、模具易标准化、自动化,此体系对于国内等同现浇有大量甩筋的体系适用的生产构件类型有限,因此多以生产叠合板、内墙板等为主,目前利用率和效率不高。

在政策上,中国目前学习新加坡的组屋机制,政府要求承包商完成定比例的装配式建筑,这种情况下便诞生了中国特有的以剪力墙灌浆套简体系为主要形式的中国装配式体系。

8.1.2 设计深化

传统设计院较难承接装配式项目的深化设计工作,原因主要有:(1)深化设计相对于传统设计,要到构件层次,图纸工作量要增加2—3倍,这还只是工作量和经济方面的问题;(2)关键问题是做深化设计需要考虑生产加工因素、运输因素现场施工吊装问题,这些问题恰恰是从院校、研究所直接到设计院的设计者较难考虑到的;(3)需要设计人员有多年装配式构件生产和施工经验,考虑诸多现场问题,方能做深化设计,比如,空调通风系统的现场深化设计,不需要结构设计、受力验算分析,但一定要有现场的构件生产和现场施工经验的积累;(4)目前专业做深化设计的公司全国才有10余家。随着装配项目的增多、装配量的增大,显然对人才的需求量非常大。

8.1.3 构件生产

构件生产当前最大的问题是模具的标准化、可复用化。目前大量模具的重复使用率特别低。一个项目结束,该项目的模具都会按照废铁价格统一处理,没有可复用性。墙板均为出筋、甩筋设计,每个项目均不同,钢筋粗细不同、间距不同,自然而然模具复用率就低。自动生产线多引进国外生产线,实际使用效率不高。

8.1.4 装配施工

目前全国各地装配式做法及装配率各不相同,呈现百花齐放的状态,没有成熟固定的做法,都在摸索中不断地总结经验。行业工人的培训需求旺盛,但相对于传统施工,人员需求量大幅减少,施工操作难度也在逐步降低。将来毕业的学生会有很大一部分被分流到生产构件厂。

8.1.5 总结归纳

(1)缺乏完整统一的标准化体系,标准化建设工作有待推进,包括设计技术标准、施工技术标准、构件生产标准、运输标准、现场吊装标准、成本计量标准等。

(2)各地政策和技术标准不统一,发展差异性大。

(3)目前装配式建筑整体占有率仅5%,且各种装配形式和各种方案并存,大家仍在探索适合自己的模式。

(4)目前行业整体仍处于初级阶段,设计、生产、施工、成本等环节都在磨合和寻找解决。

（5）设计二维、三维并存，二维仍占多数，BIM技术在装配设计、生产、施工等环节大有可为。

（6）生产企业大多数仍比较传统，需要信息化转型，需要配套的场区管理系统、进出库管理系统、物流追踪系统等，自动化生产线需要本土化。

（7）设计、生产、施工沟通协调不顺，装配式建筑中EPC模式是大势所趋，设计、生产施工一体化势在必行。这时设计阶段将显得尤为重要，设计方案也将起关键作用，从BIM开始的设计、生产施工的协同将会发挥更大作用。

（8）装配式的专业人才培养跟不上行业发展需要。拆分设计、深化设计、模具设计、现场施工需求是装配式人才需求的高度集中点；BIM技术具备天然的三维建模信息化优势，传统的CAD画图出图难以满足装配量及装配率逐步提升的行业需求。EPC模式可有效打破各单位之间的沟通和技术壁垒，装配式+BIM+EPC是行业未来发展趋势。

对于装配式人才的培养，要先落地于认知层次的培养，掌握相关的装配式识图与生产、施工工艺工法，重点掌握企业关注的行业应用技能，聚焦BIM应用、拆分设计、深化设计，为未来装配式人才储备核心竞争力。

8.2 发展的对策建议

住房和城乡建设部提出2015年"实现建筑产业现代化新跨越"的要求。

"新跨越"是指在一定历史条件下要跨越一个发展阶段、上一个新台阶、提升一个新高度，不是单纯地加快速度或简单地用"行政化"手段推进，更不是一哄而上，而是在不同的领域有先有后、有所侧重，重点突破，追求一种速度与质量并重、传统生产方式与现代工业化生产方式交替、当前发展与长远发展兼顾的协调发展模式。

因此，要实现建筑产业现代化的新跨越，必须要有新思维、新举措，做好准备，才能迎接挑战。

8.2.1 实现新跨越需要统一行动计划

建筑产业现代化覆盖建筑的全产业链全过程，产业链长，系统性强，不是一个部门所能及的，更不是有的部门抓"住宅产业现代化"，有的部门抓"建筑产业现代化"。建议要加强宏观指导和协调，制订发展规划，明确发展目标，建立工作协调机制，优化配置政策资源，统一调动各方面力量,统筹推进,协调、有序发展。

8.2.2 实现新跨越需要做好顶层设计

建筑产业现代化工作是一项系统工程,要理念一致、目标一致、步骤一致,要从全局的视角出发,对各个层次、各种要素、各种参与力量进行统筹考虑。要进行总体架构的设计,做好总体规划。不是简单地喊一句口号,或出台一些激励政策。在制定推进政策、措施的同时,要结合市场条件,适度引导企业合理布局,循序渐进,不可盲目跃进、一哄而上。

8.2.3 实现新跨越需要重视管理创新

建筑产业现代化有两个核心要素:一个是技术创新;另一个是管理创新。在推进过程中,我们往往更多地注重了技术创新,忽视了管理创新,甚至有的企业投入大量的人力、财力开展技术创新并取得一定成果,然而在工程实践中运用新的技术成果仍然采用传统、粗放式的管理模式,导致工程项目总体质量及效益达不到预期效果。现阶段管理创新比技术创新更难、更重要,应摆在更高的位置。

8.2.4 实现新跨越需要培育企业能力

企业是主体,没有现代化企业支撑就无法实现建筑产业现代化。当前,建筑产业现代化处在发展的初期阶段,企业的专业化技术体系尚未成熟,现代化管理模式尚未建立,社会化程度还很低,专业化分工还没有形成,企业在设计生产施工、管理各环节缺技术缺人才缺专业化队伍仍具有普遍性,市场的信心和能力尚未建立。因此,能力建设显得尤为重要,能力建设的重点是培育企业的能力,包括设计能力、生产能力、施工能力和管理能力。

8.2.5 实现新跨越需要树立革命精神

建筑产业现代化的核心是生产方式变革。这种生产方式的变革必将对现行的传统发展模式带来冲击,整个行业也将带来一系列变化,可以说建筑产业现代化是建筑业的一场革命,整个建筑行业将面临新一轮的改革发展。因此,我们必须要拿出革命精神和勇气去面对改革发展和由此带来的一系列挑战。

总之,要实现建筑产业现代化的新跨越,必须在技术集成能力、创新管理模式、转变生产方式企业能力建设政府体制机制等方面取得新突破,努力开创建筑产业现代化工作的新局面,实现新跨越。

8.3 专业建设背景

近年来，我国住宅建筑飞速发展，其建造和使用对资源的占用和消耗都非常大。与发达国家相比，存在住宅建造周期长、施工质量差、能源及原材料消耗大、产业化程度尤其是工业化程度低等问题，迫切需要采取工业化手段生产的方式来提高住宅建设的质量和效率。

住宅产业化是指用工业化生产方式建造住宅，是机械化程度不高和粗放式生产的生产方式升级换代的必然要求。

建筑的工业化是实现住宅产业化的必经途径。只有通过现代化的制造、运输、安装和科学管理的大工业化生产方式，才能替代传统建筑业中分散的、低水平的、低效率的工业生产方式。实现建筑工业化就是以技术为先导，采用先进、适用的技术和装备，在建筑标准化的基础上，发展建筑构配件、制品和设备的生产，培育技术服务体系和市场的中介机构。使建筑业生产、经营活动逐步走上专业化、社会化的发展道路。

几十年来，我国建筑工业化积累了一定的经验，加上吸收国外的有益经验和做法，我国住宅产业现代化现已进入一个新的发展阶段，这也为我国住宅产业化带来了前所未有的发展机遇。

（1）国家"十二五"规划的战略发展要求，为住宅产业化突破发展提供了契机。"十二五"期间是我国经济发展方式转变、产业结构调整向现代工业化迈进的攻坚时期。实现住宅产业现代化，就是转变发展方式，走新型工业化道路，符合建设领域落实科学发展的具体要求。在此大背景下，我国推进住宅产业现代化事关大局、恰逢其时、大有可为。

（2）大规模保障性住房建设为住宅产业发展带来了广阔的市场。保障性住房以政府投资建设为主，具有套型面积小、建筑设计相对简单等特点，易于标准化和工业化生产。2011 年全国保障性住房建设目标为 1000 万套，"十二五"期间建设总量达到 3600 万套，如此大规模的建设为住宅产业化发展提供了广阔的市场。

（3）人口红利的淡出为加快推进住宅产业化提供了内驱动力。一直以来，以农民工现场手工操作为主的低人工成本、粗放型的住宅建造方式制约着住宅产业化的发展。然而，近期以来，建筑业开始面临着劳动力成本上升、劳动力与技工严重短缺的现状，无限的劳动力市场已经变成有限的劳动力市场，原来依靠农民工廉价劳动力的生产方式已难以为继。改变这一状况的根本出路在于走新型工业化道路，实现产业升级。因此，推进住宅产业现代化已成为大小企业自身发展的迫切需求,成为企业技术创新和转型升级的内在动力。

总之,无论是宏观的政策环境市场条件,还是企业发展的内在需求,均已构成了住宅产业化发展的有利因素,可谓天时、地利、人和均在。这对于一个产业的发展来说,可谓千载难逢。抓住机遇,实现大发展,是全体住宅产业化践行者的共同责任。

8.4 人才需求

要实现国家建筑产业现代化,管理型、技术型及复合型人才的培养与储备是其得以健康持续发展的重要保障和关键因素。现在建筑产业已成为建筑业发展的潮流趋势,但产业发展滞后的关键原因之一在于专业技术型人才的短缺,高校作为专业人才的输出地,到了需要结合行业前沿和生产实践,传授先进的专业技术知识的时候了。据推算,我国新型现代建筑产业发展需求的专业技术人才紧缺至少 100 万人。

对于建筑产业现代化企业来说,在企业快速发展时,人才保障非常关键。但由于现代建筑工业与住宅产业化是一个新行业,不同于传统的土建行业和构件生产行业,所以现代建筑工业化企业比起单纯的制造厂或建筑公司更特殊,更难管理,也更具风险。单纯从工民建专业现代建筑工业化行业的毕业生,一开始都难以适应现代建筑工业化的技术工作,需要经过较长时间的磨合与再学习,才能较好地开展工作。工民建专业的人员缺少建筑部品生产工艺知识,做出的细化图不符合工艺要求;而预制构件专业的人员则缺少建筑构造和建筑力学的基本知识,虽然对部品的生产很清楚,但是对总装形成的整体建筑缺乏了解。由于将现代建筑工业与住宅产业化纳入土建系统,而建筑工业化与土建又有着较大差异,造成培养出来的人员不能适应相应的工作,项目经理也不能胜任预制装配式工程的管理工作。总之,目前高校尚不能给企业提供对口人才,企业只能择优录取后进行人才再培养。这对现代建筑工业与住宅产业化行业的人才储备和成长发展带来了极大障碍。如果能在高等院校中直接培养这两方面结合得很好的人才,就会逐步解决建筑工业化行业人才短缺的问题。

建筑产业现代化发展的最终目标是形成完整的产业链。投资融资、设计开发、技术革新运输装配、销售物业等环节共同构成了一条产业链。独木不成林,整个产业链与高校的协作配合也是人才培养的关键。通过协作培养优秀专职、兼职教师队伍,制订培养规划、设计培养路线、把握学习培养机制、调整和优化专业结构、开发精品教材等,来逐步开展产业链上不同类型的人才培养。特别是要结合重要工程、重大课题来培养和锻炼师资队伍,通过学术交流、合作研发、联合攻关、提供咨询等形式,实施"走出去""请进来"措施,加强优化教师梯队建设,缓解当前产业高歌猛进、人才缺口成"拦路虎"的局面,也有利于解决短期人才培训和长期人才培养、储备的矛盾。

培养建筑产业现代化复合型人才是一个复杂的系统工程,需要众多要素的协调和配合,要注意面向建筑产业发展的需求,深化产学研合作,构建教学、科研、企业三位一体的教育格局。十年树木,百年树人。面临当前建筑产业现代化人才短缺的窘境,必须遵循人才培养与成长的规律,逐步推进,构建合理有效的建筑产业现代化复合型人才培养体系,把握好当前人才短缺与长期人才培养储备的平衡,为促进国家建筑产业现代化的健康、良性发展贡献力量。